DMK Deutschschweizerische Mathematikkommission
DPK Deutschschweizerische Physikkommission

Fundamentum Mathematik und Physik

Formeln, Begriffe, Tabellen für die Sekundarstufen I und II

orell füssli Verlag AG

5. Auflage 2009

Umschlaggestaltung: cosmic BSW, Mario Moths, Bern
Druck: fgb • freiburger graphische betriebe, Freiburg

ISBN 978-3-280-02744-8

Bibliografische Information der Deutschen Bibliothek:
Die Deutsche Bibliothek verzeichnet diese Publikation in der Deutschen Nationalbibliografie; detaillierte bibliografische Daten sind im Internet über http://dnb.d-nb.de abrufbar.

Inhaltsverzeichnis

Vorwort

Mit dem neuen Maturitätsanerkennungsreglement (MAR 1995) ergeben sich für die schweizerischen Mittelschulen einschneidende Änderungen. Diese betreffen auch den Mathematik- und Physikunterricht. An vielen Maturitätsschulen steht weniger Zeit für die Ausbildung in diesen beiden Fächern zur Verfügung. Zudem setzt der Unterricht in Physik an vielen Schulen früher ein als bis anhin. Schülerinnen und Schüler sind entsprechend jünger und bringen weniger Mathematikkenntnisse mit; ein Grossteil lernt Mathematik und Physik nur noch in den beiden Grundlagenfächern. Das neue FUNDAMENTUM trägt diesem Sachverhalt Rechnung. Es wendet sich zur Hauptsache an die Gymnasiastinnen und Gymnasiasten der Sekundarstufen I und II, deren Schwerpunktfach nicht "Physik und Anwendungen der Mathematik" ist.

Im FUNDAMENTUM werden viele Sachverhalte formal *und* umgangssprachlich beschrieben. Dahinter steht die Überzeugung, dass Definitionen, Begriffe, Sätze und Formeln erst in den Besitz der Lernenden übergegangen sind, wenn sie auch in Worten ausgedrückt werden können. Leitplanken bei der Auswahl der Themen waren das "Minimalprogramm 1997 für das Grundlagenfach Physik" der DPK und der "Katalog Grundkenntnisse in Mathematik der DMK/CRM 1998". Ergänzend wurden einige Daten zur Astronomie und zur Chemie aufgenommen. Da eine Formelsammlung mehr als nur das Notwendigste umfassen sollte, überschreitet das FUNDAMENTUM die beiden erwähnten Plattformen an einigen Stellen. Im Abschnitt Mathematik betrifft dies die Bereiche Aussagenlogik, Mengen, Kegelschnitte, Kugel, Potenzreihenentwicklung, Regression und Korrelation sowie komplexe Zahlen. Im Abschnitt Physik sind in allen Teilgebieten kleinere Übermarchungen vorhanden.

Auf eine strenge Systematik wurde bewusst verzichtet. Damit auch jüngere Schülerinnen und Schüler angesprochen werden können, wurde die Mathematik zweigeteilt. Wichtige Begriffe wie "Funktion", "Vektor" oder "Wahrscheinlichkeit" werden in beiden Teilen angesprochen. Die Vektorgeometrie ist ausschliesslich räumlich behandelt. In der Stochastik erfolgt eine Beschränkung auf die Binomialverteilung. Die numerischen Verfahren zur Berechnung von Quadratwurzeln bzw. der Kreiszahl π gehören inhaltlich zum ersten Teil. Um sie leichter zu finden, sind sie aber im Kapitel "Numerische Verfahren" des zweiten Teils untergebracht. Der Physikteil ist durchgehend systematisch aufgebaut. Die zugehörigen Tabellen sind durch die Farbgebung auf den Formelteil abgestimmt.

Das FUNDAMENTUM ersetzt weder einen Lehrplan, noch kann daraus ein Stoffprogramm abgeleitet werden. Es ist eine Auswahl und kein Mathematik- bzw. Physiklexikon. Somit kann es nicht vollständig sein. Hoffentlich ist es durch seinen starken Bezug zum Schulalltag der Sekundarstufen I und II sowohl für die Schüler- als auch für die Lehrerschaft brauchbar.

Dank gebührt unseren Kolleginnen und Kollegen aus der Deutschschweizerischen Mathematikkommission und der Deutschschweizerischen Physikkommission sowie den sachkundigen Beratern Prof. Hans Heiner Storrer (Universität Zürich) und Prof. Klaus Ensslin (ETH Zürich). Allen diesen Personen verdanken wir gute Hinweise, Verbesserungsvorschläge und Korrekturen.

Für das Autorenteam: Andreas Stahel

1 Aussagenlogik und Beweisverfahren

1.1 Aussagenlogik

Aussage

Eine Aussage A ist entweder wahr oder falsch.
Eine logische Variable (Aussageform) p hat entweder den Wahrheitswert wahr (W) oder falsch (F). Negieren einer Aussageform ändert den Wahrheitswert.

Wahrheitswertetabelle für die Negation

p	Negation von p nicht p $\neg p$
W	F
F	W

Wahrheitswertetabelle für die Verknüpfung zweier Aussagen

p	q	Disjunktion p oder q $p \vee q$	Konjunktion p und q $p \wedge q$	Subjunktion wenn p dann q $p \rightarrow q$	Bijunktion p genau dann wenn q $p \leftrightarrow q$
W	W	W	W	W	W
W	F	W	F	F	F
F	W	W	F	W	F
F	F	F	F	W	W

Kontraposition

Zur Subjunktion "wenn p dann q" ist logisch gleichwertig die Kontraposition "wenn $\neg q$ dann $\neg p$".

1.2 Beweisverfahren

Direkter Beweis

Aus bereits bewiesenen Aussagen wird mit einer endlichen Anzahl von korrekten Schlüssen die Behauptung gewonnen.

Indirekter Beweis

Zu beweisen ist die Aussage B

1) Formuliere die Annahme $\neg B$
2) Gewinne aus $\neg B$ und bereits bewiesenen Aussagen in einer endlichen Anzahl von korrekten Schlüssen die Negation $\neg A$ einer bereits als wahr erkannten Aussage A
3) Löse den Widerspruch $A \wedge \neg A$. Verwirf die Annahme und akzeptiere die zu beweisende Aussage B

$$\begin{array}{c} \neg B \\ \neg B \rightarrow A_1 \\ A_1 \rightarrow A_2 \\ \vdots \\ A_n \rightarrow \neg A \\ \hline \neg B \rightarrow \neg A \end{array}$$

Induktionsbeweis

Zu beweisen sind die Aussagen A_n mit $n \in \mathbb{N}$

1) Verankerung/Induktionsanfang. Zeige: A_1 ist eine wahre Aussage
2) Vererbung/Induktionsschritt. Zeige: Für jede natürliche Zahl k zieht die Gültigkeit von A_k auch jene von A_{k+1} nach sich
3) Induktionsschluss. Aus der Verankerung und der Vererbung folgt die Gültigkeit der A_n für alle n

2 Mengen

Menge

Eine Menge ist eine Zusammenfassung wohl unterscheidbarer Objekte (genannt Elemente) zu einem Ganzen. Mengen werden mit Grossbuchstaben bezeichnet. Eine Menge kann endlich viele oder unendlich viele Elemente haben.

$$x \in M$$

Darstellung von Mengen

- Aufzählung ihrer Elemente
- Charakterisierung durch eine definierende Eigenschaft E der Elemente x

  $M = \{x \mid x = 2n + 1 \wedge n \in \mathbb{N}\}$

  (gelesen: "Menge aller x mit der Eigenschaft, dass $x = 2n + 1$ und $n \in \mathbb{N}$ ist")
- Graphisch: Venn-Diagramm, (Euler-Diagramm)

$$M = \{a, b, c, \ldots\}$$

$$M = \{x | E(x)\}$$

Leere Menge

Eine Menge heisst leer, wenn sie kein Element enthält.

$$M = \{\ \}$$
oder
$$M = \emptyset$$

Mengenoperationen

Vereinigung: $A \cup B = \{x \mid x \in A \text{ oder } x \in B\}$

Durchschnitt: $A \cap B = \{x \mid x \in A \text{ und } x \in B\}$

Differenz: $A \backslash B = \{x \mid x \in A \text{ und } x \notin B\} = A \cap \overline{B}$

Komplement: $\overline{A} = \{x \mid x \notin A\}$

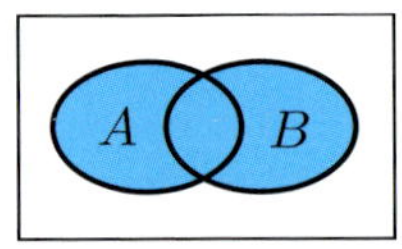

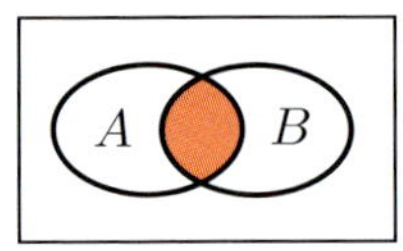

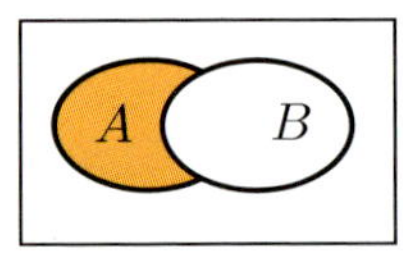

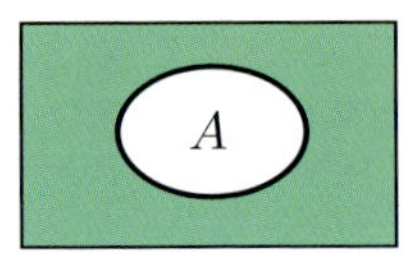

Kommutativgesetze

$A \cup B = B \cup A$
$A \cap B = B \cap A$

Assoziativgesetze

$A \cup (B \cup C) = (A \cup B) \cup C$
$A \cap (B \cap C) = (A \cap B) \cap C$

Distributivgesetze

$A \cup (B \cap C) = (A \cup B) \cap (A \cup C)$
$A \cap (B \cup C) = (A \cap B) \cup (A \cap C)$

Produktmenge/kartesisches Produkt

$A \times B := \{(a, b) \mid a \in A \wedge b \in B\}$

(a, b) heisst geordnetes Paar

$A \times B \times C := \{(a, b, c) \mid a \in A \wedge b \in B \wedge c \in C\}$

(a, b, c) heisst Tripel

$\mathbb{R}^2 = \mathbb{R} \times \mathbb{R}$: zweidimensionaler Raum

$\mathbb{R}^3 = \mathbb{R} \times \mathbb{R} \times \mathbb{R}$: dreidimensionaler Raum

$A = \{1, 2, 3, 4\}$ $\quad B = \{1, 2, 3\}$

$A \times B = \{(1, 1), (1, 2), \ldots, (4, 3)\}$

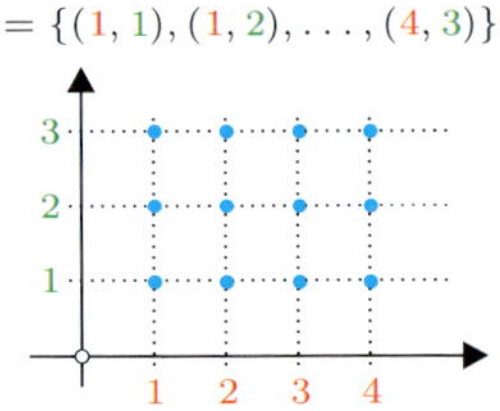

Potenzmenge

Menge aller Teilmengen T einer Menge M:

$P(M) = \{T \mid T \subset M\}$

Beachte: $M \subset M$ und $\emptyset \subset M$ für alle M

3 Rechnen

3.1 Bezeichnungen bei Rechenoperationen

	Operation	a heisst	b heisst	c heisst
Operationen erster Stufe	Addieren $a + b = c$	Summand	Summand	Summe
	Subtrahieren $a - b = c$	Minuend	Subtrahend	Differenz
Operationen zweiter Stufe	Multiplizieren $a \cdot b = c$	Faktor (Multiplikator)	Faktor (Multiplikand)	Produkt
	Dividieren $a : b = c$	Dividend	Divisor ($b \neq 0$)	Quotient
Operationen dritter Stufe	Potenzieren $a^b = c$	Basis	Exponent	Potenz
	Radizieren $\sqrt[b]{a} = c$	Radikand	Wurzelexponent	Wurzel
	Logarithmieren $\log_b a = c$	Numerus	Logarithmusbasis	Logarithmus

Rechenhierarchie

Operationen höherer Stufe binden stärker. (z. B. "Potenzieren vor Punktrechnungen vor Strichrechnungen")

$$6 + 5 \cdot 2^4 = 6 + 5 \cdot 16 = 86$$
$$6 + (5 \cdot 2)^4 = 6 + 10\,000 = 10\,006$$

Betrag (Absolutwert)

Der Betrag einer Zahl entspricht dem Abstand dieser Zahl vom Nullpunkt auf der Zahlengeraden. Zahl und Gegenzahl haben denselben Betrag.

$$|a| = \begin{cases} a & \text{falls } a \geq 0 \\ -a & \text{falls } a < 0 \end{cases}$$

3.2 Eigenschaften natürlicher Zahlen

Teiler

Eine natürliche Zahl a heisst durch eine andere natürliche Zahl b teilbar, wenn die Division $a : b$ wieder eine natürliche Zahl ergibt.

Primzahl

Eine natürliche Zahl $p > 1$ heisst Primzahl, falls sie nur durch 1 und sich selbst teilbar ist. (vgl. 74, *17*)

Primfaktorzerlegung

Jede natürliche Zahl $n > 1$ ist – bis auf die Reihenfolge – eindeutig als Produkt von Primzahlen darstellbar.

$$n = p_1^{\alpha_1} \cdot p_2^{\alpha_2} \cdot p_3^{\alpha_3} \cdot \ldots \cdot p_k^{\alpha_k}$$

p_i: i-ter Primfaktor α_i: Exponent des i-ten Primfaktors

Anzahl Teiler

Die Anzahl $d(n)$ der natürlichen Teiler von n ist:

$$d(n) = (\alpha_1 + 1) \cdot (\alpha_2 + 1) \cdot \ldots \cdot (\alpha_k + 1)$$

Grösster gemeinsamer Teiler	Zwei natürliche Zahlen a und b haben gemeinsame Teiler. Unter den gemeinsamen Teilern ist einer der grösste: $\text{ggT}(a,b)$
Kleinstes gemeinsames Vielfaches	Zwei natürliche Zahlen a und b haben gemeinsame Vielfache. Unter den gemeinsamen Vielfachen ist eines das kleinste: $\text{kgV}(a,b)$
	$\text{ggT}(a,b) \cdot \text{kgV}(a,b) = a \cdot b$
Division mit Rest	$a = q \cdot b + r \quad$ wobei $0 \leq r < b$. Es gilt: $\text{ggT}(a,b) = \text{ggT}(b,r)$

3.3 Bruchrechnen

$\text{Bruch} = \dfrac{\text{Zähler}}{\text{Nenner}}$	$\dfrac{a}{b} \quad a \in \mathbb{Z}$ heisst Zähler, $b \in \mathbb{Z} \setminus \{0\}$ heisst Nenner.
Gleichheit	Zwei Brüche $\dfrac{a}{b}$ und $\dfrac{c}{d}$ sind genau dann gleich, wenn $a \cdot d = b \cdot c$
Erweitern bzw. Kürzen	Erweitern: $\dfrac{a}{b} = \dfrac{a \cdot k}{b \cdot k}$ Kürzen: $\dfrac{a}{b} = \dfrac{a : k}{b : k}$ $(k \neq 0)$
Addition Subtraktion	Addieren (Subtrahieren) gleichnamiger Brüche: $\dfrac{a}{b} \pm \dfrac{c}{b} = \dfrac{a \pm c}{b}$ Ungleichnamige Brüche müssen vor dem Addieren (Subtrahieren) durch Erweitern oder Kürzen gleichnamig gemacht werden.
Multiplikation Division	Multiplikation: $\dfrac{a}{b} \cdot \dfrac{c}{d} = \dfrac{a \cdot c}{b \cdot d}$ Division: $\dfrac{a}{b} : \dfrac{c}{d} = \dfrac{a}{b} \cdot \dfrac{d}{c} = \dfrac{a \cdot d}{b \cdot c}$

3.4 Prozentrechnen

Grundwert Prozentsatz Prozentwert	Prozentwert $W = G \cdot \dfrac{p}{100}$ mit G: Grundwert, p: Prozentsatz
Absoluter Fehler	Absoluter Fehler $:= \lvert x - x_0 \rvert$ — x ist der gemessene Wert (Istwert), x_0 ist der wahre Wert (Sollwert)
Relativer Fehler	Relativer Fehler in Prozent $:= \dfrac{\text{Absoluter Fehler}}{\text{Sollwert}} \cdot 100$

3.5 Zinsrechnen

Kapital, Zinssatz, Zins

Zins Z	Kapital K	Zinssatz p
$Z = \dfrac{K \cdot p \cdot t}{100}$	$K = \dfrac{Z \cdot 100}{p \cdot t}$	$p = \dfrac{Z \cdot 100}{K \cdot t}$

Für die Zeit t gilt: $t = \dfrac{\text{Monate}}{12}$ oder $t = \dfrac{\text{Tage}}{360}$ oder t in Jahren

Für weitere Formeln: (vgl. 53: Zinseszins)

4 Algebra

4.1 Termumformungen

Kommutativgesetze	$a + b = b + a$	$a \cdot b = b \cdot a$
Assoziativgesetze	$(a + b) + c = a + (b + c) = a + b + c$	$(a \cdot b) \cdot c = a \cdot (b \cdot c) = a \cdot b \cdot c$
Distributivgesetz	$a \cdot (b + c) = (a \cdot b) + (a \cdot c) = a \cdot b + a \cdot c$	

Ausklammern bzw. Ausmultiplizieren

Ausklammern: $3a^3y + 12axy^2 = 3ay(a^2 + 4xy)$

Ausmultiplizieren: $(a + b)(x + y) = ax + ay + bx + by$

Binomische Formeln

$$(a + b)^2 = (a + b)(a + b) = a^2 + 2ab + b^2$$
$$(a - b)^2 = (a - b)(a - b) = a^2 - 2ab + b^2$$
$$(a \pm b)^3 = a^3 \pm 3a^2b + 3ab^2 \pm b^3$$

Verallgemeinerung: (vgl. 40: Binomischer Lehrsatz)

Faktorzerlegung

$$a^2 - b^2 = (a + b)(a - b)$$
$$a^3 \pm b^3 = (a \pm b)(a^2 \mp ab + b^2)$$

Trinomische Formel

$$(a + b + c)^2 = a^2 + b^2 + c^2 + 2ab + 2ac + 2bc$$

4.2 Äquivalenzumformungen bei Gleichungen und Ungleichungen

Lösen einer Gleichung

Eine Gleichung lösen bedeutet, auf der linken und der rechten Seite der Gleichung dieselben Operationen solange anzuwenden, bis die Unbekannte allein auf einer Seite erscheint und somit die Lösungen abgelesen werden können. Beim Umformen von Gleichungen kann sich die Lösungsmenge ändern.

Äquivalenzumformungen

Äquivalenzumformungen lassen die Lösungsmenge unverändert. Folgende Operationen sind Äquivalenzumformungen: Auf beiden Seiten der Gleichung

- Addieren derselben Zahl aus $\mathbb{R}$
- Multiplizieren mit derselben von null verschiedenen Zahl aus $\mathbb{R}$
- Addieren bzw. Subtrahieren desselben Terms

Multiplikation mit Termen bzw. Division durch Terme, die die Unbekannte enthalten, kann die Anzahl der Lösungen verändern.

Quadrieren der Gleichung kann zusätzliche Lösungen liefern.

Ungleichungen

Beim Umformen von Ungleichungen gelten die gleichen Überlegungen wie beim Umformen von Gleichungen. Aber: wird die Ungleichung mit einer negativen Grösse multipliziert, so ändert das Relationszeichen.

$a > b \Leftrightarrow a \cdot c < b \cdot c$ wenn $c < 0$

4.3 Mittelwerte

Arithmetisches Mittel

$$m_a = \frac{a+b}{2}$$

Gewichtetes Mittel

$$m_{gew} = \frac{ra+sb}{r+s} \qquad r, s \text{ heissen Gewichte}$$

Geometrisches Mittel

$$m_g = \sqrt{ab} \qquad a, b > 0$$

Harmonisches Mittel

$$m_h = \frac{2ab}{a+b}$$

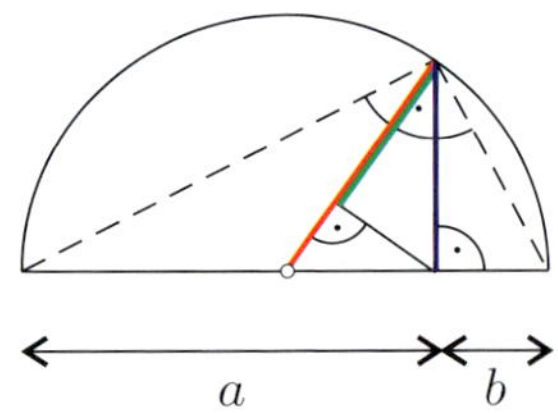

(vgl. 20: Rechtwinkliges Dreieck)

Beziehungen zwischen Mittelwerten

$m_h \leq m_g \leq m_a$

Gleichheit gilt genau dann, wenn $a = b$ ist.

4.4 Proportionalität und umgekehrte Proportionalität

Proportion

Verhältnisgleichung $\Leftrightarrow$ Produktgleichung

$$a : b = c : d \quad \Leftrightarrow \quad a \cdot d = b \cdot c$$

Grösse X	x_1	x_2	$\ldots$	x_n
Grösse Y	y_1	y_2	$\ldots$	y_n

Direkte Proportionalität

Man spricht von direkter Proportionalität, wenn der Quotient entsprechender y- und x-Werte konstant ist.

$$\frac{y_1}{x_1} = \frac{y_2}{x_2} = \ldots = \frac{y_n}{x_n} = k \quad \text{d. h. } y = k \cdot x$$

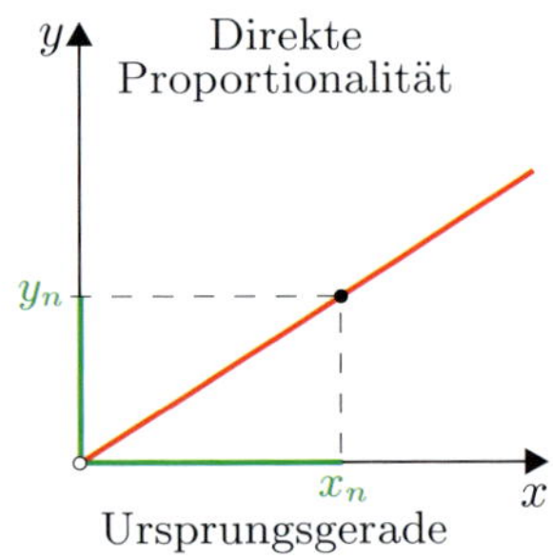

Indirekte/Umgekehrte Proportionalität/Antiproportionalität

Man spricht von indirekter Proportionalität, wenn das Produkt entsprechender x- und y-Werte konstant ist.

$$y_1 \cdot x_1 = y_2 \cdot x_2 = \ldots = y_n \cdot x_n = k$$
$$\text{d. h. } y = \frac{k}{x}$$

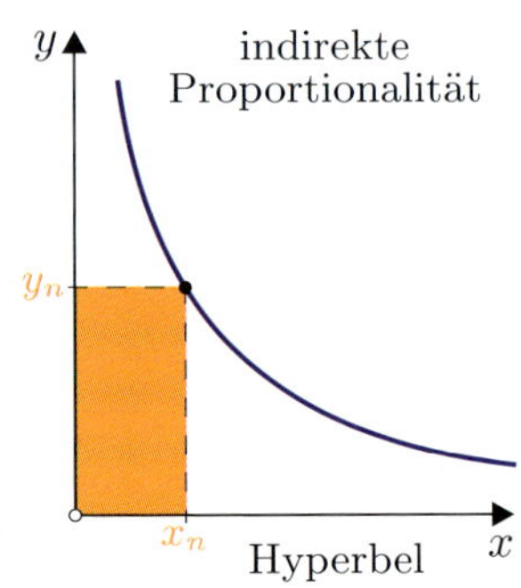

Proportionalitätskonstante

k heisst Proportionalitätskonstante.

4.5 Funktion

Funktionsbegriff

Wird jeder Zahl x aus einer Menge D von reellen Zahlen genau eine reelle Zahl y zugeordnet, so heisst diese Zuordnung/Relation eine (reelle) Funktion.
Eine Funktion ist eine eindeutige Relation.

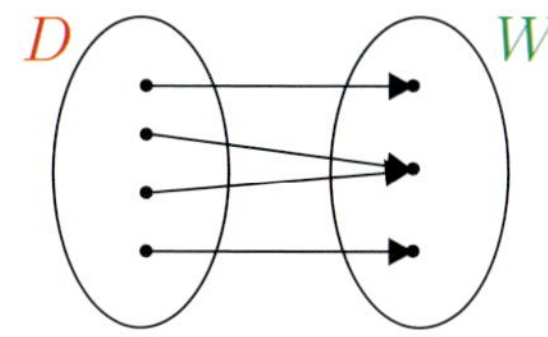

Kartesisches Koordinatensystem

Es besteht aus zwei zueinander senkrecht stehenden Zahlengeraden. Ihr Schnittpunkt heisst Ursprung O (origo) oder Nullpunkt.

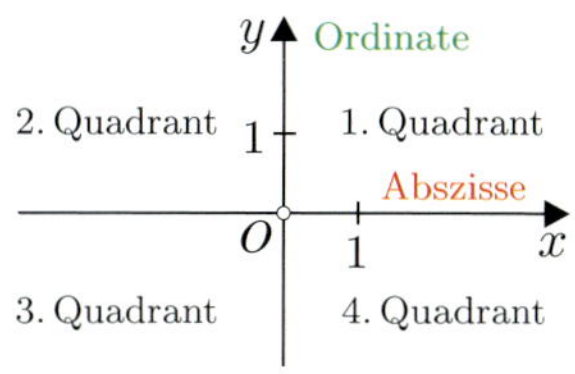

Schreibweisen

Funktionen werden (meistens) mit Kleinbuchstaben bezeichnet: $f, g, u, \ldots$
$f(x)$(gesprochen "f von x") bezeichnet diejenige Zahl, die f der Zahl x zuordnet.
$f(x)$ heisst auch Funktionswert von x oder Funktionswert von f an der Stelle x.

$$f : x \mapsto y$$
$$f : x \mapsto f(x)$$
$$x \xrightarrow{f} y$$

$y = f(x)$ heisst auch Funktionsgleichung.
$f(x)$ bezeichnet hier den Funktionsterm.

$$y = f(x)$$

D heisst Definitionsbereich (Definitionsmenge) der Funktion.
Die Elemente von D nennt man Argumente oder (Funktions-)Stellen. Die Variable x, die für die Elemente von D verwendet wird, heisst unabhängige Variable.
Die Menge W aller zugeordneten Elemente y heisst Wertebereich (Wertemenge) von f.
y bezeichnet die abhängige Variable.

$$f : D \longrightarrow W$$

Graph einer Funktion

Wenn f eine Funktion ist, dann heisst die Menge aller Punkte $P(x|f(x))$ mit $x \in D$ in einem kartesischen Koordinatensystem der Graph (das Schaubild) von f.

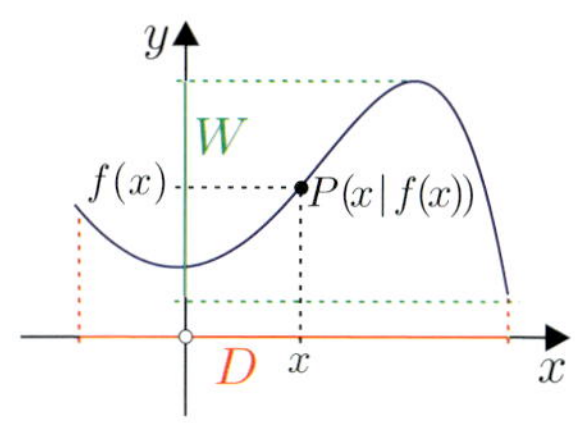

Abbildung

Eine Abbildung ordnet jedem Element von D eindeutig ein Element von W zu.
(vgl. 19: Kongruenzabbildungen; vgl. 64: Zufallsgrösse)

Nullstelle einer Funktion

Die Schnitt- bzw. Berührungsstellen des Graphen von f mit der x-Achse heissen Nullstellen: $x_i \in D$ mit $f(x_i) = 0$

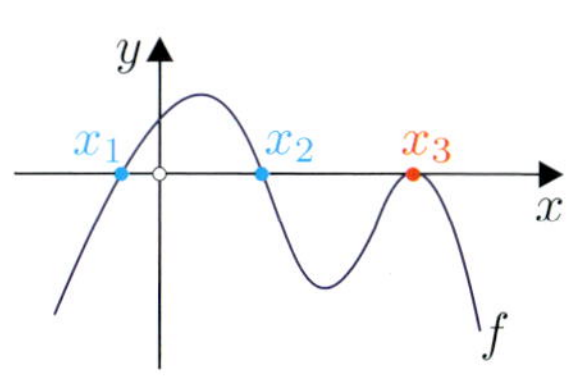

4.6 Lineare Funktion und lineare Gleichung

Lineare Funktion

$y = f(x) = mx + q$

Der Graph ist eine Gerade; m ist die Steigung der Geraden; q ist der y-Achsenabschnitt. Unter der Steigung versteht man den Quotienten:

$$m = \frac{\text{Änderung in } y\text{-Richtung}}{\text{Änderung in } x\text{-Richtung}} = \frac{\Delta y}{\Delta x}$$

(vgl. 81: Mittlere Geschwindigkeit)

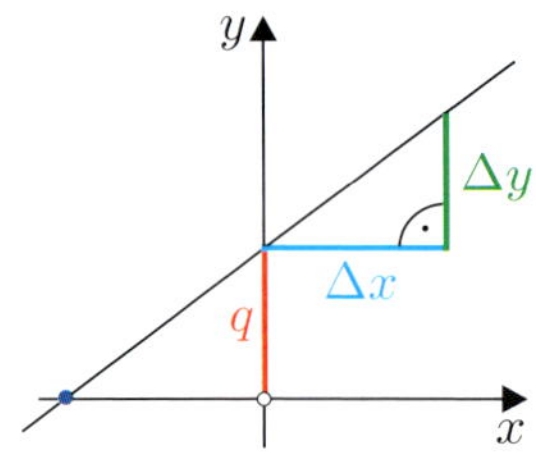

Lineare Gleichung

Eine lineare Gleichung hat die Normalform

$ax + b = 0 \quad a \neq 0$

mit der Lösung $x = -\frac{b}{a}$

Die Lösung erscheint beim Graphen der zugehörigen Funktion als Nullstelle.
Lineare Gleichungen lassen sich mittels Äquivalenzumformungen auf Normalform bringen.
(vgl. 11: Lösen einer Gleichung)

4.7 Lineares Gleichungssystem

Lineares Gleichungssystem

Beim Lösen eines linearen Gleichungssystems mit zwei Gleichungen und zwei Unbekannten (LGS) sucht man das geordnete Wertepaar (x_0, y_0), das beide Gleichungen zugleich erfüllt.

Gleichung 1 $\quad a_1x + b_1y = c_1$
Gleichung 2 $\quad a_2x + b_2y = c_2$

Rechnerisch findet man die Lösung eines LGS mit dem Gleichsetzungs-, dem Einsetz-, dem Additions- oder dem Determinantenverfahren.

Hat das LGS genau eine Lösung, so lässt sich das Zahlenpaar als Schnittpunkt S der zugehörigen Geraden g und h interpretieren.

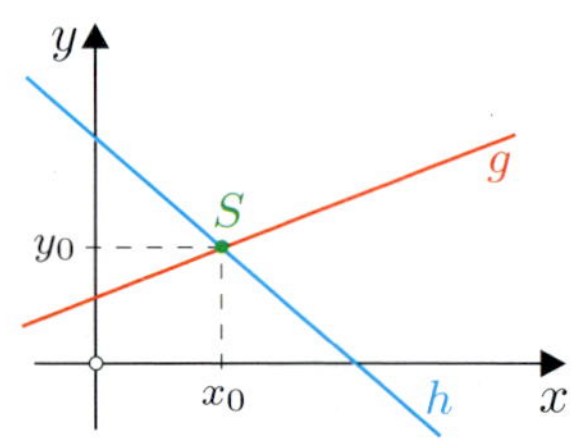

Spezialfälle

Hat das LGS keine Lösung, so sind die zugehörigen Geraden g und h parallel.

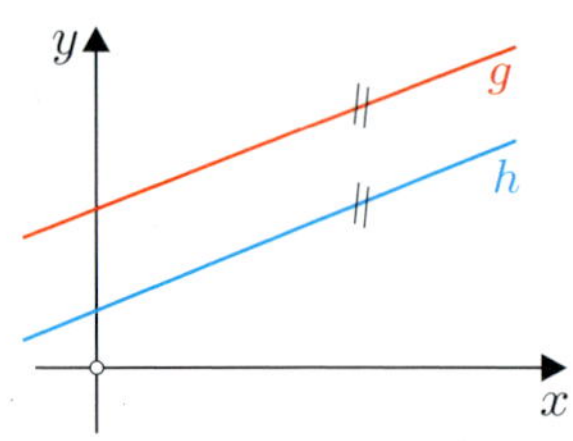

Hat das LGS unendlich viele Lösungspaare, so fallen g und h zusammen.

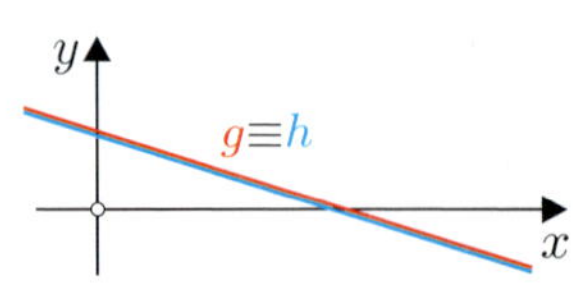

4.8 Quadratische Funktion und quadratische Gleichung

Quadratische Funktion

$y = f(x) = ax^2 + bx + c \qquad a \neq 0$

(vgl. 81: Gleichmässig beschleunigte Bewegung)

Der Graph ist eine Parabel.

$a > 0$: Parabel nach oben geöffnet

$a < 0$: Parabel nach unten geöffnet

S: Scheitel der Parabel

$$S\left(-\frac{b}{2a} \,\middle|\, \frac{-b^2+4ac}{4a}\right)$$

Scheitelform:
$y = a(x-u)^2 + v$ mit Scheitel $S(u \,|\, v)$

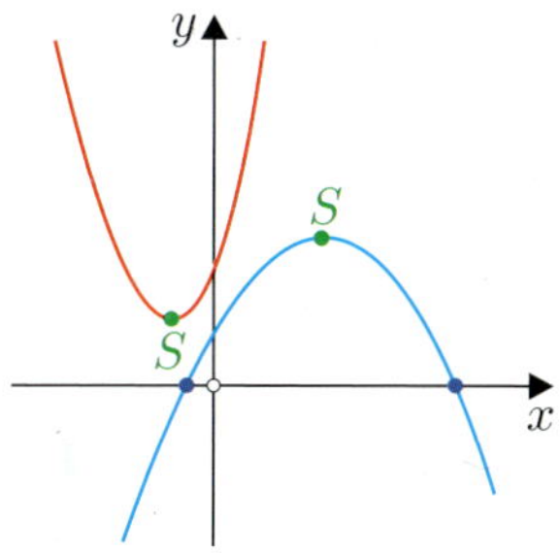

Quadratische Gleichung

Eine quadratische Gleichung lösen heisst, die Nullstellen der zugehörigen quadratischen Funktion suchen.

$$ax^2 + bx + c = 0 \qquad x_{1,2} = \frac{-b \pm \sqrt{b^2-4ac}}{2a}$$

Die Diskriminante $D = b^2 - 4ac$
entscheidet über die Anzahl der Lösungen:

- $D > 0$: zwei reelle Lösungen
- $D = 0$: eine reelle Lösung: Doppellösung
- $D < 0$: keine reellen Lösungen

Die Anzahl der Lösungen zeigt sich geometrisch in der Lage der Parabel.

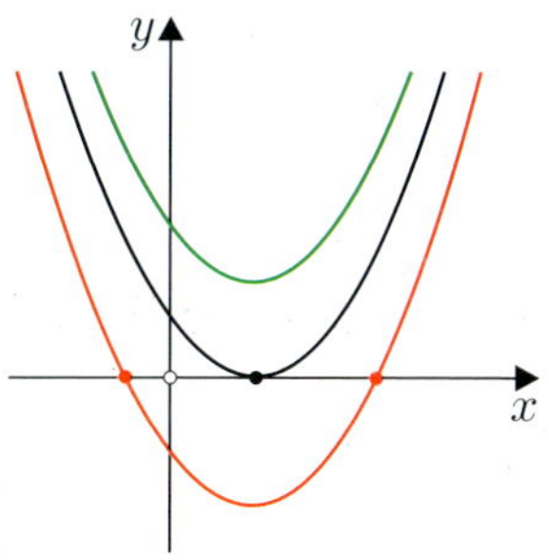

Spezialfälle

$c = 0: \quad ax^2 + bx = 0 \Leftrightarrow x(ax+b) = 0$

zwei reelle Lösungen: $x_1 = 0, \quad x_2 = -\frac{b}{a}$

$b = 0: \quad ax^2 + c = 0 \qquad x_{1,2} = \pm\sqrt{-\frac{c}{a}}$

zwei reelle Lösungen, falls $\frac{c}{a} < 0$

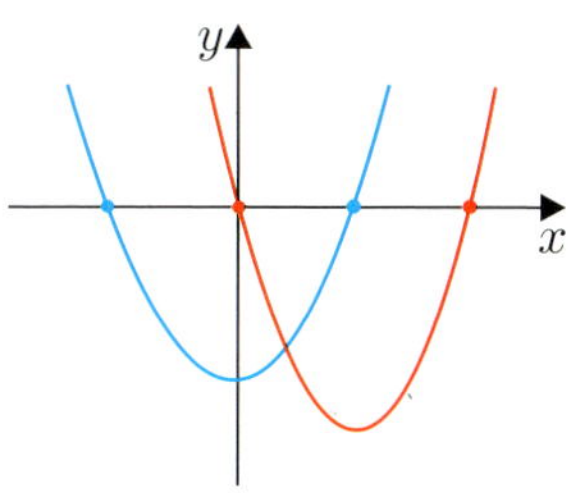

Zerlegung in Linearfaktoren

$ax^2 + bx + c = 0 = a(x - x_1)(x - x_2)$

mit $x_1 + x_2 = -\frac{b}{a} \qquad x_1 \cdot x_2 = \frac{c}{a}$

Satz von Vieta

Die Summe der Nullstellen ist $-\frac{b}{a}$,
das Produkt der Nullstellen ist $\frac{c}{a}$.

4.9 Potenzen, Wurzeln und Logarithmen

Potenz

Der Exponent ist eine natürliche Zahl:

$a^n := a \cdot a \cdot a \cdot \ldots \cdot a$ $\quad n$ gleiche Faktoren
Spezialfälle $a^1 := a \qquad a^0 := 1$ falls $a \neq 0$

a^n

Der Exponent ist eine negative ganze Zahl:

$$a^{-n} := \frac{1}{a^n} = \left(\frac{1}{a}\right)^n \qquad a \neq 0 \quad n \in \mathbb{N}$$

Wurzel

$$\sqrt[n]{a} = b \Leftrightarrow b^n = a \qquad b > 0 \quad n \in \mathbb{N} \setminus \{1\}$$

a: Radikand $\quad n$: Wurzelexponent

Der Exponent ist eine rationale Zahl:

$$a^{\frac{1}{n}} := \sqrt[n]{a} \qquad a^{\frac{m}{n}} := \sqrt[n]{a^m} \qquad a > 0$$

$\sqrt[n]{a^m}$

Potenzgesetze

$$a^m \cdot a^n = a^{m+n} \qquad a^m : a^n = a^{m-n} \quad m, n \in \mathbb{N}$$
$$(a^m)^n = a^{m \cdot n}$$
$$a^n \cdot b^n = (a \cdot b)^n \qquad a^n : b^n = \left(\frac{a}{b}\right)^n$$

Bemerkung: Die Potenzgesetze gelten auch für Exponenten in $\mathbb{Z}, \mathbb{Q}$ und $\mathbb{R}$, falls $a, b \in \mathbb{R}^+$.
(vgl. 86: Keplersche Gesetze)

Logarithmus

Der Logarithmus ist ein Exponent.

$\log_b a$

$$b^x = a \Leftrightarrow x = \log_b a$$

b: Logarithmenbasis $b > 0$ und $b \neq 1$
a: Numerus $a > 0 \qquad x$: Logarithmus

$\log_b a$ gelesen: "Logarithmus zur Basis b von a"
$\log_b a$ ist diejenige Zahl, mit der man b potenzieren muss, um a zu erhalten:

$$b^{\log_b a} = a \qquad \text{Zudem gilt: } \log_b(b^a) = a$$

$\log_{10} 100 = 2$
$\log_{10} 10 = 1$
$\log_{10} 1 = 0$
$\log_{10} \frac{1}{10} = -1$
$\log_{10} \frac{1}{100} = -2$

Häufig benutzte Basen:
$b = 10$ Zehnerlogarithmus
$b = \mathrm{e}$ natürlicher Logarithmus
$\mathrm{e} = 2.7182\ldots$ heisst eulersche Zahl

(vgl. 52: Wachstum; vgl. 54: Spezielle Grenzwerte; vgl. 100: Zerfallsgesetz)

$\log_{10} x = \lg x$
$\log_{\mathrm{e}} x = \ln x$

Logarithmengesetze

$$\log_b(u \cdot v) = \log_b u + \log_b v$$
$$\log_b\left(\frac{u}{v}\right) = \log_b u - \log_b v$$
$$\log_b(u^r) = r \cdot \log_b u$$

Basiswechsel

$$\log_b x = \frac{\log_{10} x}{\log_{10} b} = \frac{\ln x}{\ln b}$$

5 Planimetrie

5.1 Winkel

Nebenwinkel

Zwei Nebenwinkel ergeben zusammen einen gestreckten Winkel: $\alpha + \beta = 180°$

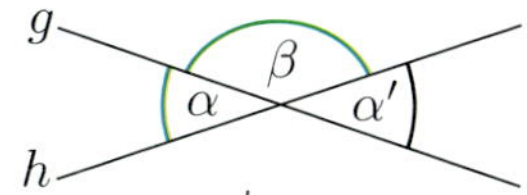

Scheitelwinkel

Scheitelwinkel sind gleich gross: $\alpha = \alpha'$

Stufenwinkel

Stufenwinkel an geschnittenen Parallelen ($h_1 \parallel h_2$) sind gleich gross: $\alpha = \alpha'$, $\gamma = \gamma'$

Wechselwinkel

Wechselwinkel an geschnittenen Parallelen sind gleich gross: $\beta' = \gamma$, $\beta = \gamma'$

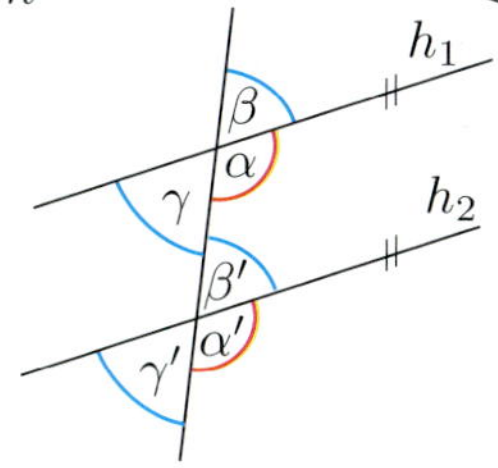

Winkel am Kreis

b: Kreisbogen, $\overline{AB}$: Kreissehne

γ, γ': Peripheriewinkel (Umfangswinkel) auf dem Bogen b

δ, δ': Peripheriewinkel auf dem Ergänzungsbogen zu b

φ: Zentriwinkel (Mittelpunktswinkel)

Zu jedem Kreisbogen gehört ein Zentriwinkel.

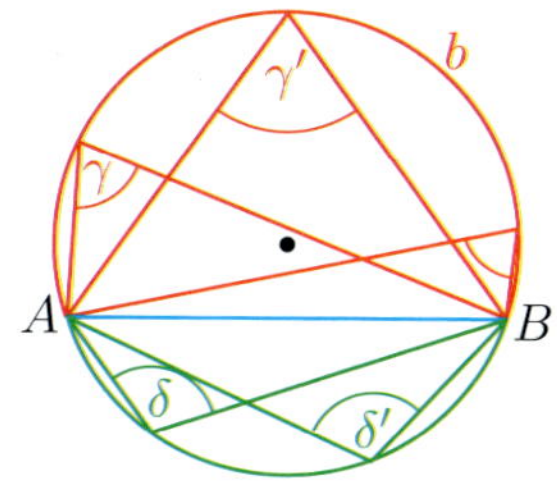

Kreiswinkelsätze

Alle Peripheriewinkel auf demselben Bogen b sind gleich gross: $\gamma = \gamma'$

Ein Peripheriewinkel ist halb so gross wie der zum Ergänzungsbogen gehörende Zentriwinkel: $\gamma = \dfrac{\varphi}{2}$

Ein Peripheriewinkel und ein solcher auf dem Ergänzungsbogen ergeben einen gestreckten Winkel: $\gamma + \delta = 180°$

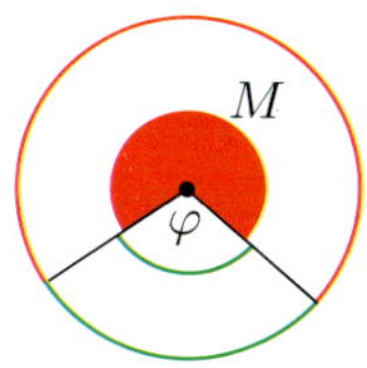

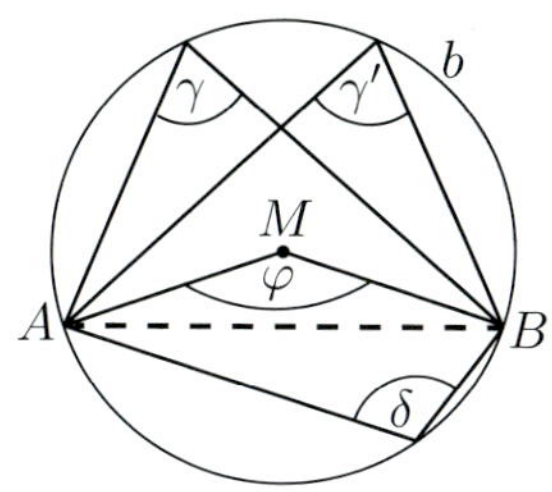

Satz des Thales

Liegt ein Punkt C auf dem Kreis mit dem Durchmesser $\overline{AB}$, so ist $\angle ACB = 90°$. (Satz)

Hat das Dreieck ABC bei C einen rechten Winkel, so liegt C auf dem Kreis über $\overline{AB}$. (Umkehrsatz)

Weitere Formulierung: Der geometrische Ort aller Punkte, von denen aus die Strecke $\overline{AB}$ unter einem rechten Winkel gesehen wird, ist der Kreis mit dem Durchmesser $\overline{AB}$.

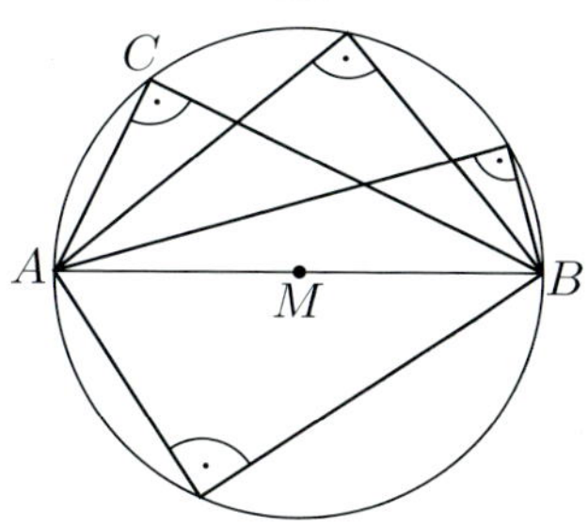

5.2 Dreiecke

Das unregelmässige Dreieck

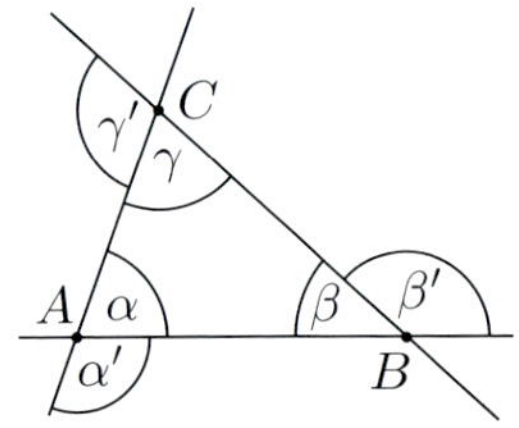

Winkelsummen

Die Summe der Innenwinkel ergibt den gestreckten Winkel: $\alpha + \beta + \gamma = 180°$

Ein Aussenwinkel ist gleich der Summe der beiden nicht anliegenden Innenwinkel:
$\beta' = \alpha + \gamma$ ↻

Dreiecksungleichung

Die Summe zweier Dreieckseiten ist grösser als die dritte Seite:
$a + b > c$ ↻
Der kleinsten Seite liegt der kleinste Winkel gegenüber.

↻ heisst:
$a \to b \to c \to a$,
$\alpha \to \beta \to \gamma \to \alpha$

Besondere Punkte und Linien im Dreieck

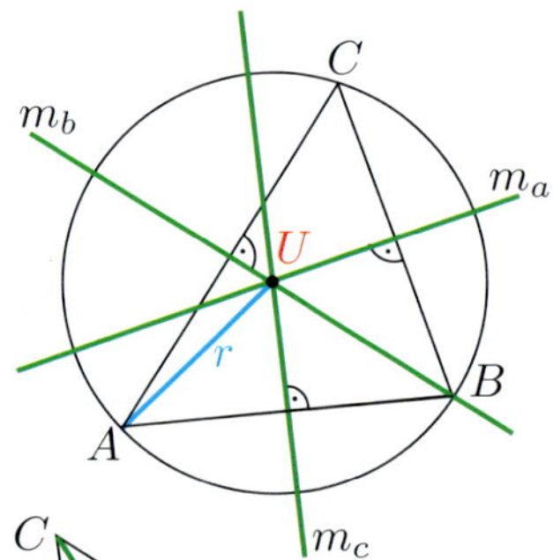

Mittelsenkrechten und Umkreis

Die drei Mittelsenkrechten schneiden einander in einem Punkt, dem Umkreismittelpunkt:
$m_a \cap m_b \cap m_c = \{U\}$
r: Umkreisradius

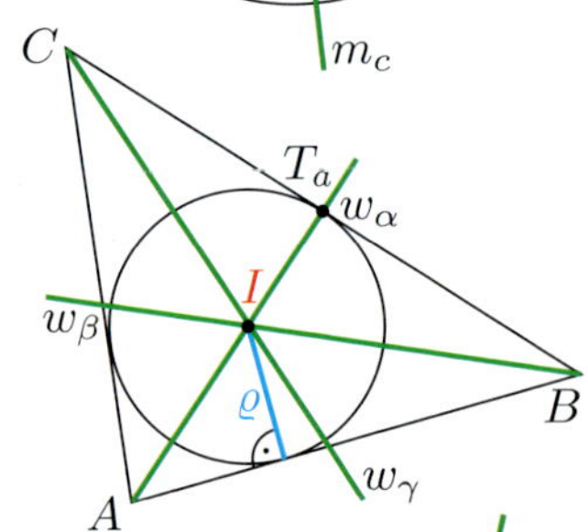

Winkelhalbierende und Inkreis

Die drei Innenwinkelhalbierenden schneiden einander im Inkreismittelpunkt:
$w_\alpha \cap w_\beta \cap w_\gamma = \{I\}$
ϱ: Inkreisradius

Eigenschaft der Winkelhalbierenden:
$\overline{AB} : \overline{AC} = \overline{T_aB} : \overline{T_aC}$ ↻

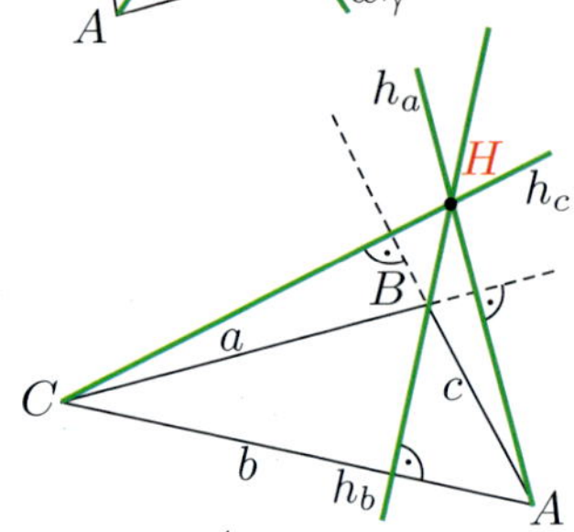

Höhen

Die drei Höhen schneiden einander im Höhenschnittpunkt: $h_a \cap h_b \cap h_c = \{H\}$

Eigenschaft der Höhen:
$h_a : h_b = \dfrac{1}{a} : \dfrac{1}{b} = b : a$ ↻

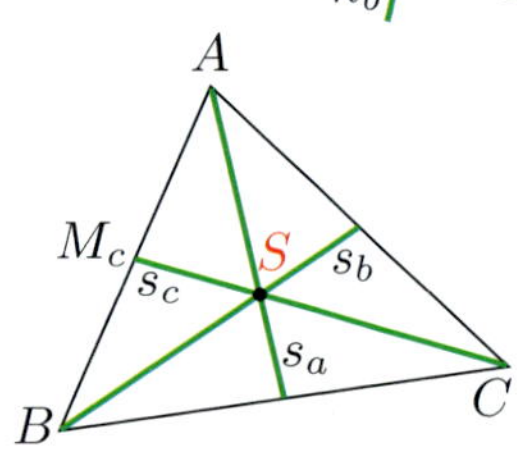

Seitenhalbierende (Schwerlinien)

Die drei Seitenhalbierenden schneiden einander im Schwerpunkt: $s_a \cap s_b \cap s_c = \{S\}$

Eigenschaft der Schwerlinien:
$\overline{SC} : \overline{SM_c} = 2 : 1$ ↻

Flächeninhalt

$$A = \frac{g \cdot h}{2} = \frac{1}{2} g \cdot h \qquad A = \frac{1}{2} c \cdot h_c$$

g heisst Grundseite, h zugehörige Höhe.

$$A = \frac{abc}{4r} \quad r\text{: Umkreisradius}$$

$$A = \varrho \cdot s \qquad s = \frac{a+b+c}{2}$$

ϱ: Inkreisradius, s: halber Dreiecksumfang

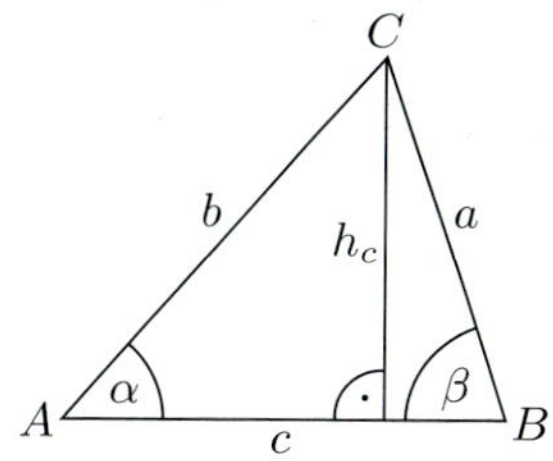

Heronsche Flächenformel

$$A = \sqrt{s(s-a)(s-b)(s-c)}$$

Jedes Dreieck hat drei Ankreise

$$A = \varrho_a(s-a)$$

ϱ_a ist der Radius des Ankreises an die Seite a

$$A = \frac{1}{2} b \cdot c \cdot \sin\alpha$$

(vgl. 26: Winkelfunktionen am rechtwinkligen Dreieck)

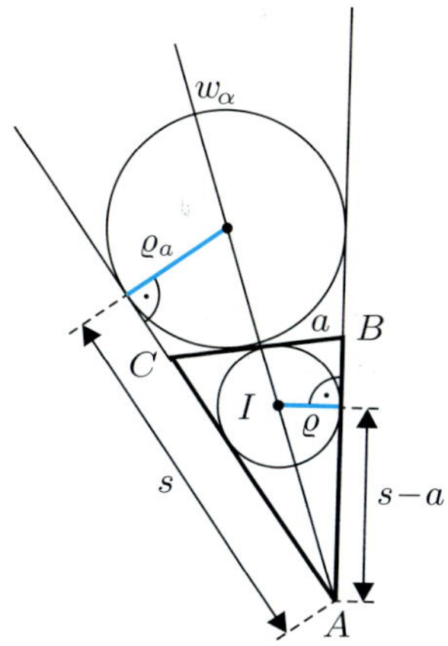

Kongruenzabbildungen

Die wichtigsten Abbildungen, die eine Figur in eine deckungsgleiche, d. h. kongruente Figur überführen, sind die Verschiebung (Translation), die Achsenspiegelung/Geradenspiegelung (Umklappung), die Drehung (Rotation) und die Punktspiegelung (Drehung um 180°).

$\cong$

Kongruenzsätze

Zwei Dreiecke sind kongruent, falls sie übereinstimmen in

SSS	drei Seiten,
SWS	zwei Seiten und dem eingeschlossenen Winkel,
WSW	einer Seite und den beiden anliegenden Winkeln,
SSW/SsW	zwei Seiten und dem Gegenwinkel der längeren Seite.

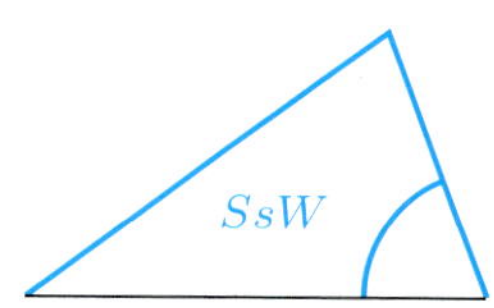

Weitere Formeln für das unregelmässige Dreieck

Winkelhalbierende	$w_\alpha = \frac{2}{b+c}\sqrt{bcs(s-a)}$	
Seitenhalbierende	$s_a = \frac{1}{2}\sqrt{2(b^2+c^2)-a^2}$	
Höhen	$h_a = \frac{2}{a}\sqrt{s(s-a)(s-b)(s-c)}$	

Spezielle Dreiecke

Rechtwinkliges Dreieck

a, b heissen Katheten, c heisst Hypotenuse
p, q sind die Hypotenusenabschnitte

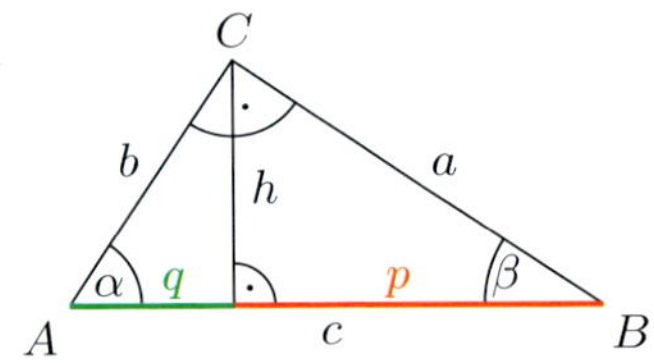

Flächeninhalt $A = \frac{c \cdot h}{2} = \frac{a \cdot b}{2}$
Umkreisradius $r = \frac{c}{2}$
Inkreisradius $\varrho = s - c$
wobei s der halbe Umfang ist

Satz des Pythagoras

Sind a und b die Katheten eines rechtwinkligen Dreiecks und c seine Hypotenuse, so gilt:

$$a^2 + b^2 = c^2$$

Umkehrsatz: Sind a, b und c die Seiten eines Dreiecks und gilt $a^2 + b^2 = c^2$, so schliessen a und b einen rechten Winkel ein. Kurz formuliert:

$$\gamma = 90° \Leftrightarrow a^2 + b^2 = c^2$$

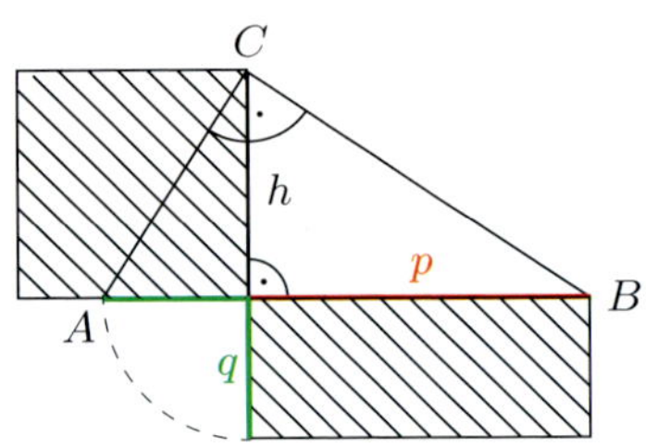

Höhensatz

$$h^2 = p \cdot q$$

Kathetensatz (Satz des Euklid)

$$a^2 = c \cdot p \qquad b^2 = c \cdot q$$

Gleichseitiges Dreieck

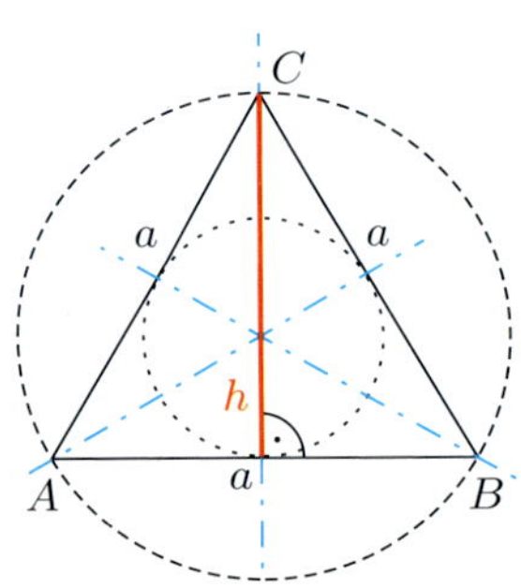

Höhe $h = \frac{a}{2}\sqrt{3}$ $\qquad A = \frac{a^2}{4}\sqrt{3}$

$r = \frac{a}{3}\sqrt{3}$ $\qquad \varrho = \frac{a}{6}\sqrt{3}$

Alle Mittelsenkrechten, Winkelhalbierenden, Höhen und Seitenhalbierenden fallen zusammen.

5.3 Vierecke

Winkelsumme

In jedem Viereck ist die Summe der Innenwinkel gleich einem vollen Winkel:
$\alpha + \beta + \gamma + \delta = 360°$
Diagonalen $e = \overline{AC}$, $f = \overline{BD}$

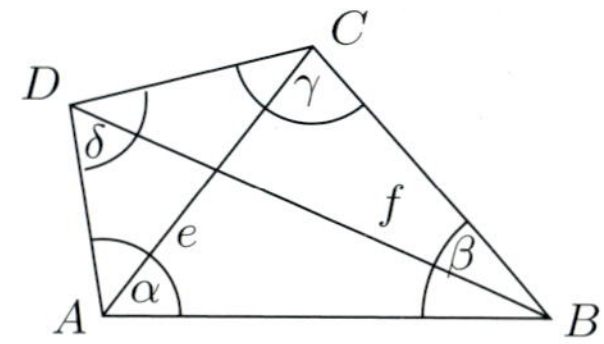

Trapez

Zwei gegenüberliegende Seiten sind parallel ($a \parallel c$).

Mittelparallele $m = \dfrac{a+c}{2}$

h ist die Höhe (Abstand der Parallelen)

Flächeninhalt $A = m \cdot h = \dfrac{a+c}{2}\,h$

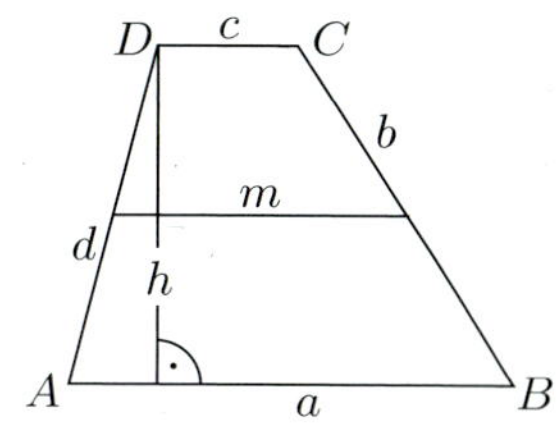

Drachenviereck

Eine Diagonale ist Symmetrieachse.

Flächeninhalt $A = \dfrac{e \cdot f}{2}$

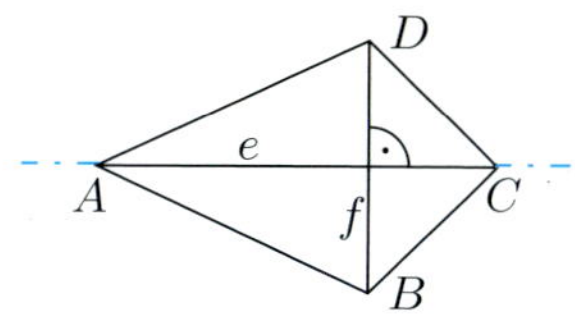

Parallelogramm

Gegenüberliegende Seiten sind jeweils parallel.

$\alpha + \beta = 180°$ $\quad$ $A = a \cdot h_a = b \cdot h_b$

Punktsymmetrisch bezüglich des Diagonalenschnittpunkts S.

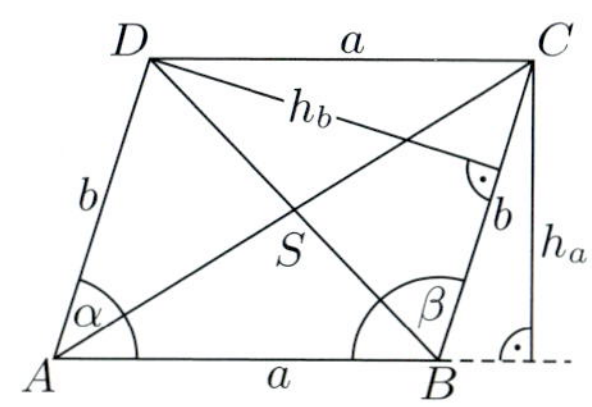

Rhombus (Raute)

Ein Parallelogramm mit vier gleich langen Seiten.

Flächeninhalt $A = \dfrac{e \cdot f}{2} = a \cdot h_a$

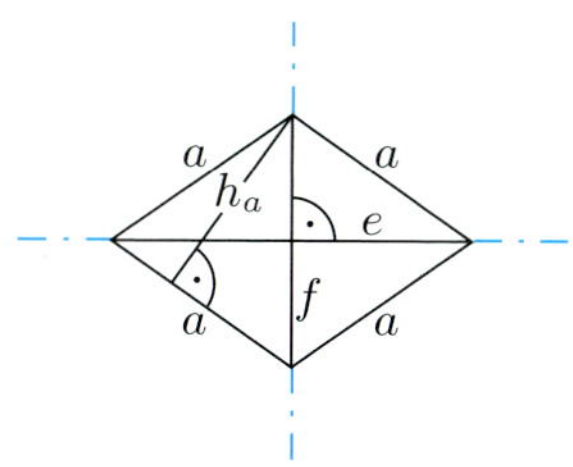

Rechteck

Alle vier Winkel messen 90°.

$A = a \cdot b$ $\quad$ $d = \sqrt{a^2 + b^2}$

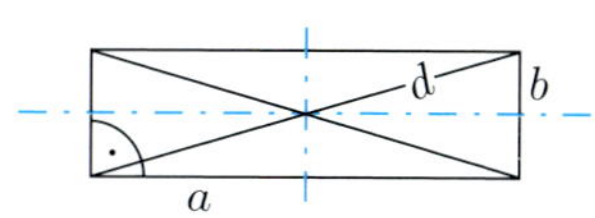

Quadrat

Ein Rechteck mit vier gleich langen Seiten.

$A = a^2$ $\quad$ Diagonale $d = a\sqrt{2}$

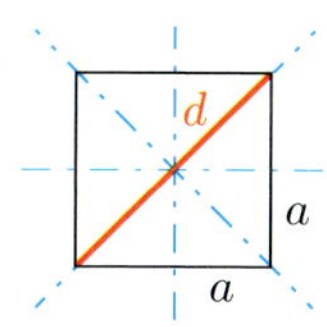

Sehnenviereck

Ein Viereck mit Umkreis heisst Sehnenviereck.

$\alpha + \gamma = \beta + \delta = 180°$ $\varphi = 2\alpha$

Satz des Ptolemäus: $ac + bd = ef$

Formel von Brahmagupta:

$A = \sqrt{(s-a)(s-b)(s-c)(s-d)}$

mit $s = \frac{U}{2} = \frac{a+b+c+d}{2}$

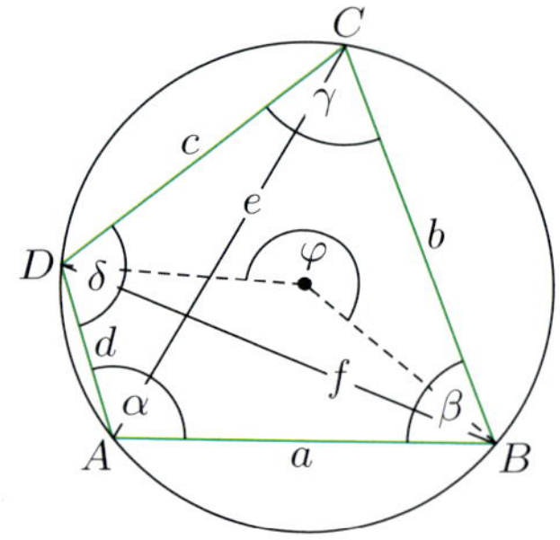

Tangentenviereck

Ein Viereck mit Inkreis heisst Tangentenviereck.

$a + c = b + d$ $A = \varrho \cdot s$

ϱ: Inkreisradius, s: halber Vierecksumfang

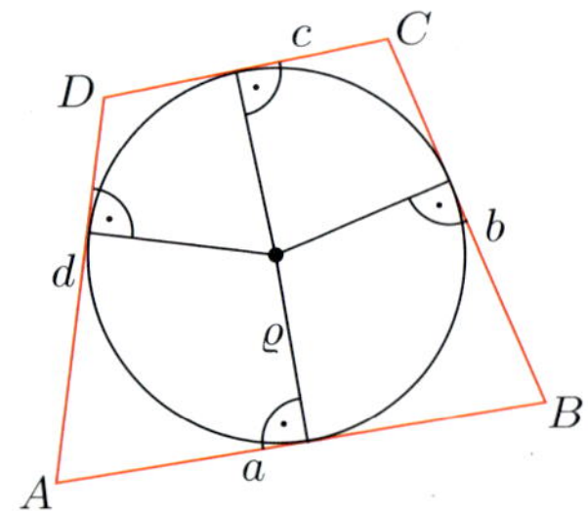

Beachte

Es gibt auch unregelmässige Vierecke, die einen In- und einen Umkreis besitzen, die Sehnen-Tangentenvierecke.

Mit jedem beliebigen Viereck kann die Ebene parkettiert werden.

5.4 Vielecke

Winkelsummen

In jedem Polygon/n-Eck mit $n \in \mathbb{N}$ und $n \geq 3$ ist die Summe der Innenwinkel

$(n-2) \cdot 180°$

Die Summe der Aussenwinkel beträgt 360°.

Regelmässiges Vieleck/ Regelmässiges Polygon/ Regelmässiges n-Eck

Ein Vieleck heisst regelmässig, falls alle Seiten gleich lang und alle Innenwinkel gleich gross sind.

Ein regelmässiges Vieleck hat einen In- und einen Umkreis.

Zentriwinkel $\varphi = \frac{360°}{n}$

Innenwinkel $\alpha = \frac{(n-2) \cdot 180°}{n}$

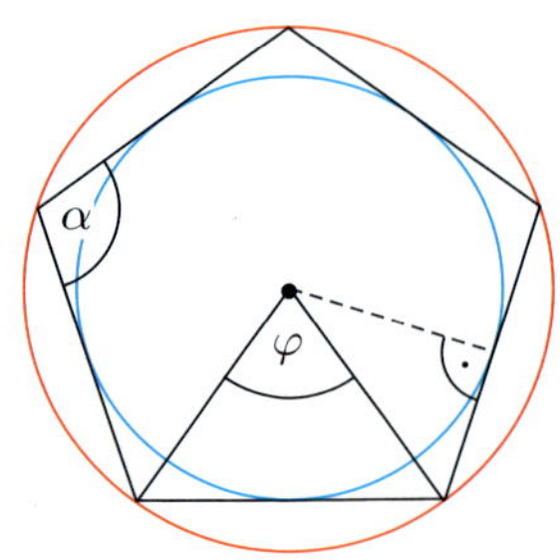

5.5 Kreis und Kreisteile. Ellipse

Bezeichnungen am Kreis

r: Radius d: Durchmesser
s: Sehne g: Sekante
t: Tangente p: Passante

Der Radius steht im Berührungspunkt senkrecht zur Tangente.

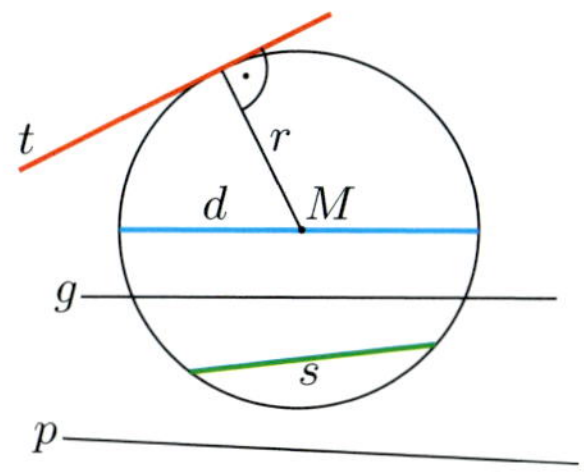

Kreisumfang

$$U = 2\pi r = \pi d \qquad \pi = 3.14159...$$

Kreisinhalt

$$A = \pi r^2 = \frac{1}{4}\pi d^2$$

Bogenmass des Winkels

Das Bogenmass ist das Verhältnis von Bogenlänge zu zugehörigem Radius eines Kreissektors:

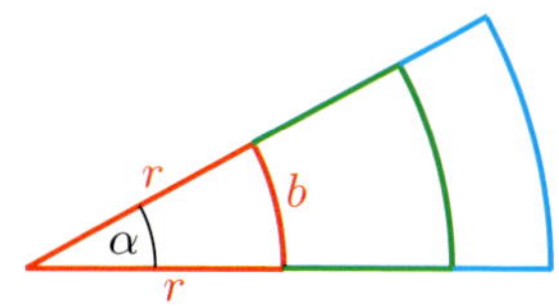

$$\operatorname{arc}\alpha := \frac{b}{r}$$

Das Bogenmass hat keine Einheit. Es lässt sich auch als Masszahl der Bogenlänge (arcus) im Einheitskreis auffassen. Selten wird es mit der Einheit 1 Radiant = 1 rad versehen.

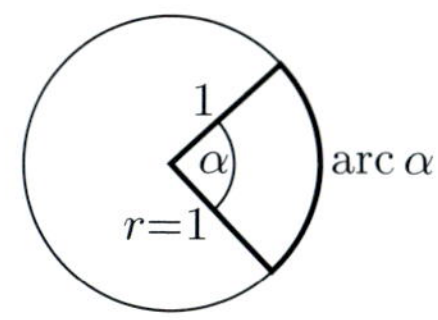

$$\operatorname{arc}\alpha = \frac{\pi}{180^\circ}\cdot\alpha \qquad 1\text{ rad} = \operatorname{arc} 57.3^\circ...$$

Gradmass	0°	45°	60°	90°	180°	360°
Bogenmass	0	$\frac{\pi}{4}$	$\frac{\pi}{3}$	$\frac{\pi}{2}$	π	2π

Bogenlänge des Kreissektors/ Kreisbogen

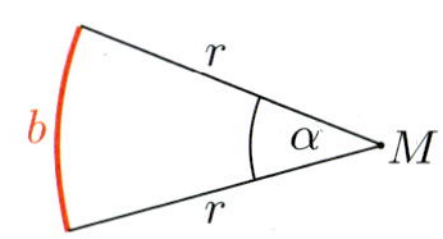

$$b = \frac{\pi r \alpha}{180^\circ} = r\cdot\operatorname{arc}\alpha$$

Flächeninhalt des Kreissektors (Kreisausschnitt)

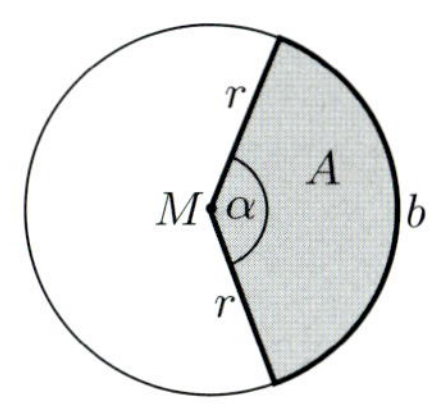

$$A = \frac{\pi r^2\alpha}{360^\circ} = \frac{b\cdot r}{2} = \frac{r^2\cdot\operatorname{arc}\alpha}{2}$$

Kreissegment (Kreisabschnitt)

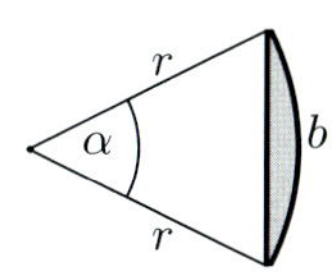

$$A = \frac{r^2}{2}\left(\frac{\pi\alpha}{180^\circ} - \sin\alpha\right) = \frac{r^2}{2}(\operatorname{arc}\alpha - \sin\alpha)$$

(vgl. 26: Winkelfunktionen am rechtwinkligen Dreieck)

Ellipse

a, b heissen Halbachsen $A = \pi ab$

$U \approx \pi(a+b)$ $U \approx \pi\sqrt{2(a^2+b^2)}$

(Näherungsformeln)

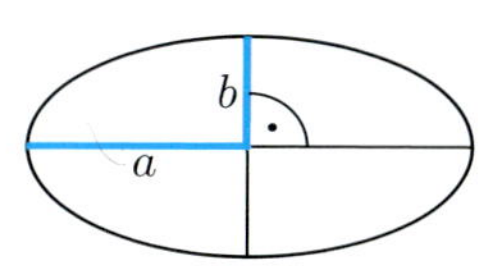

5.6 Verhältnisse und Ähnlichkeit

Strahlensätze

1. Strahlensatz:
$AB \parallel A'B' \Leftrightarrow \overline{SA} : \overline{SA'} = \overline{SB} : \overline{SB'}$
und $\overline{SA} : \overline{AA'} = \overline{SB} : \overline{BB'}$

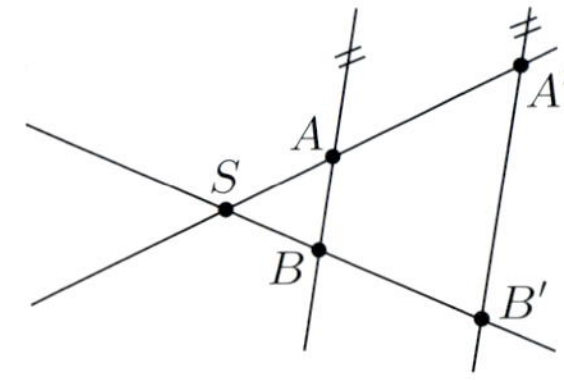

2. Strahlensatz:
$AB \parallel A'B' \Rightarrow \overline{SA} : \overline{SA'} = \overline{AB} : \overline{A'B'}$

Die Strahlensätze gelten auch, falls der Scheitel S zwischen den Parallelen liegt. Die Umkehrung des 2. Strahlensatzes gilt nicht!
Die Dreiecke $SA'B'$ entstehen aus dem Dreieck SAB durch eine zentrische Streckung.

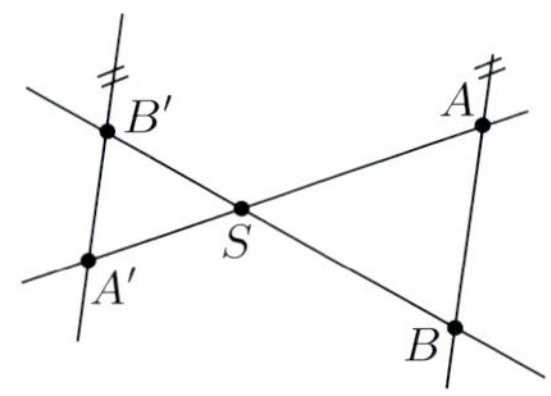

Zentrische Streckung

Eine Abbildung, die jedem Punkt P der Ebene einen Bildpunkt P' zuordnet, heisst zentrische Streckung mit dem Streckungszentrum Z und dem Streckungsfaktor $k > 0$, falls $P' \in ZP$ und $\overline{ZP'} = k \cdot \overline{ZP}$.
Für $k < 0$ sind die Strecken ZP und ZP' entgegengesetzt gerichtet. Für $k = -1$ ergeben sich zentralsymmetrische Figuren (Drehung um 180°).

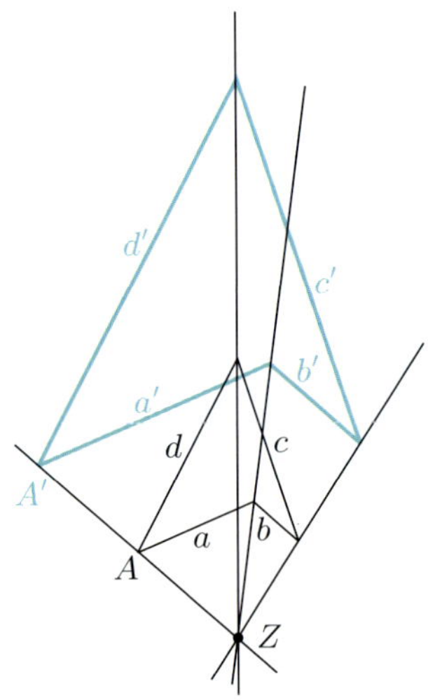

Ähnliche Figuren

Figuren, die durch eine zentrische Streckung in zueinander kongruente Figuren übergeführt werden können, heissen ähnlich.
Die wichtigsten Ähnlichkeitsabbildungen sind die zentrische Streckung und die Drehstreckung (Verkettung einer Drehung und einer zentrischen Streckung).

Es gilt: $a' = k \cdot a, \quad b' = k \cdot b, \quad c' = k \cdot c$
Für den Flächeninhalt gilt: $A' = k^2 \cdot A$.

Die Kongruenz ist ein Spezialfall der Ähnlichkeit: $k = 1$

$\sim$

Ähnliche Dreiecke

Hauptähnlichkeitssatz:
Zwei Dreiecke sind ähnlich, falls sie in zwei Winkeln übereinstimmen.

Die Höhe zerlegt ein rechtwinkliges Dreieck ABC in zwei Teildreiecke AFC und CFB, die ähnlich sind.

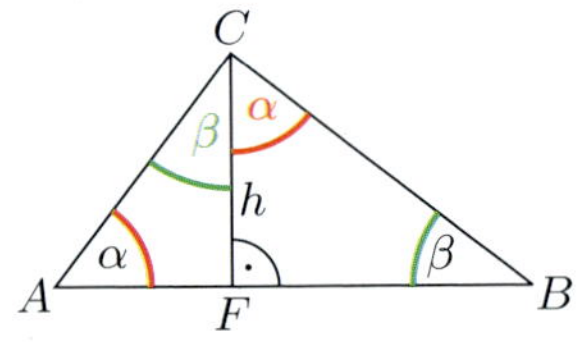

Teilung einer Strecke

Teilverhältnis

Für das Teilverhältnis λ eines Punktes T bezüglich einer Strecke AB gilt: $\lambda = \pm\frac{\overline{TA}}{\overline{TB}}$.
Dabei ist $\lambda < 0$, falls T_i ein innerer Teilpunkt ist und $\lambda > 0$, falls T_a ausserhalb $\overline{AB}$ liegt.

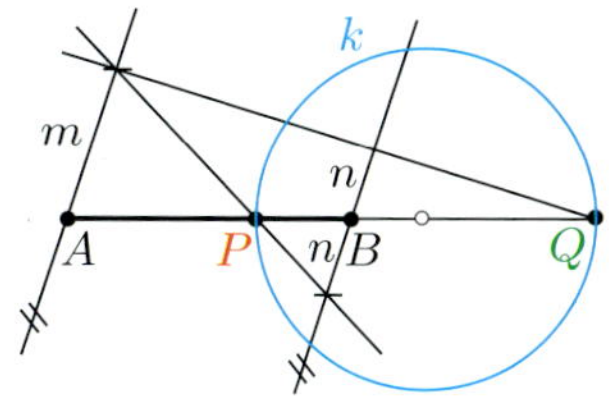

Harmonische Teilung

Zwei Punkte P und Q teilen die Strecke AB harmonisch, falls das innere und das äussere Teilverhältnis betragsmässig gleich sind:
$\overline{PA} : \overline{PB} = \overline{QA} : \overline{QB} = m : n$

P: innerer Teilpunkt, Q: äusserer Teilpunkt,
k: Apolloniuskreis (Thaleskreis über $\overline{PQ}$)

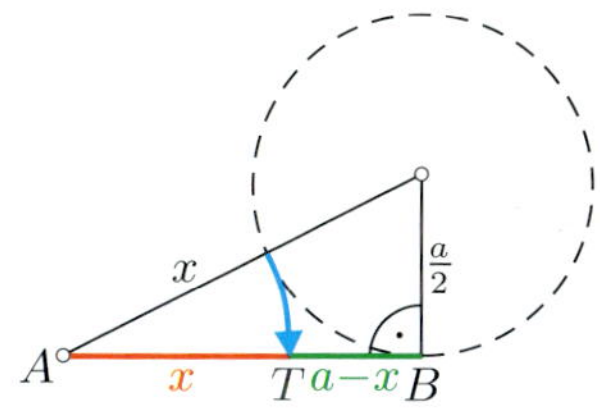

Stetige Teilung/ Goldener Schnitt

T teilt die Strecke $AB = a$ nach dem goldenen Schnitt, wenn sich die kürzere Teilstrecke zur längeren gleich verhält wie die längere Teilstrecke zur ganzen Strecke:
$(a - x) : x = x : a$

x: Major, $a - x$: Minor, $x = \frac{(\sqrt{5}-1)a}{2}$

$$\frac{\sqrt{5}-1}{2} = 0.618\ldots$$

Ähnlichkeit am Kreis

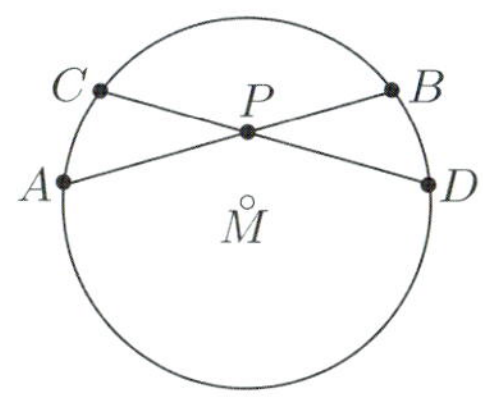

Sehnensatz

$\overline{PA} \cdot \overline{PB} = \overline{PC} \cdot \overline{PD}$

P liegt im Innern des Kreises.

Sekantensatz

$\overline{PA} \cdot \overline{PB} = \overline{PC} \cdot \overline{PD}$

P liegt im Äusseren des Kreises.

Tangentensatz

$\overline{PA} \cdot \overline{PB} = \overline{PT}^2$

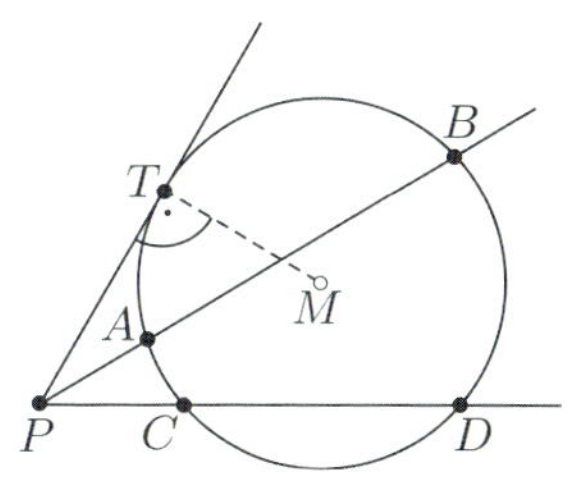

Alle Kreise sind zueinander ähnlich.
Der Satz des Pythagoras und der Höhensatz sind Spezialfälle des Sehnensatzes.
Der Kathetensatz ist ein Spezialfall des Tangentensatzes.

Potenzsatz

Alle sechs Sätze können im Potenzsatz zusammengefasst werden:

Die Potenz $q = \overline{PA} \cdot \overline{PB}$ eines Punktes P bezüglich eines Kreises k ist konstant.

6 Trigonometrie

6.1 Definition der Winkelfunktionen

Winkelfunktionen am rechtwinkligen Dreieck

α: spitzer Winkel

$$\sin\alpha = \frac{\text{Gegenkathete von }\alpha}{\text{Hypotenuse}} = \frac{g}{h}$$

Gesprochen: “Sinus von α”

$$\cos\alpha = \frac{\text{Ankathete von }\alpha}{\text{Hypotenuse}} = \frac{a}{h}$$

Gesprochen: “Kosinus von α”

$$\tan\alpha = \frac{\text{Gegenkathete von }\alpha}{\text{Ankathete von }\alpha} = \frac{g}{a}$$

Gesprochen: “Tangens von α”

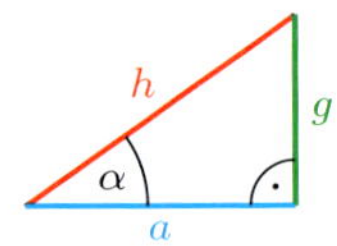

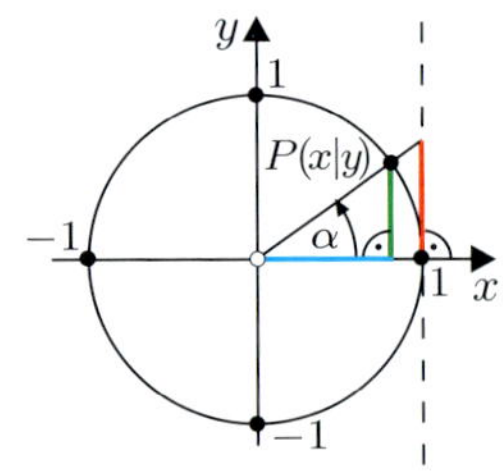

Winkelfunktionen am Einheitskreis

α: beliebiger Winkel

Der freie Schenkel des Winkels α schneidet den Einheitskreis im Punkt $P(x|y)$.

$\sin\alpha = y$

$\cos\alpha = x$

$\tan\alpha = \frac{y}{x} \quad \alpha \neq 90° + k \cdot 180°, \quad k \in \mathbb{Z}$

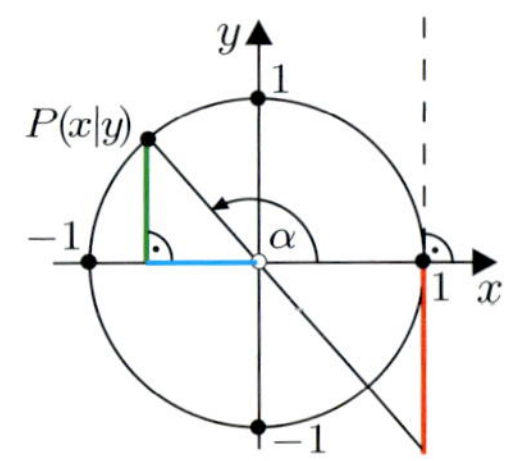

Genaue Funktionswerte für spezielle Winkel

	0°	30°	45°	60°	90°
$\sin\alpha$	0	$\frac{1}{2}$	$\frac{\sqrt{2}}{2}$	$\frac{\sqrt{3}}{2}$	1
$\cos\alpha$	1	$\frac{\sqrt{3}}{2}$	$\frac{\sqrt{2}}{2}$	$\frac{1}{2}$	0
$\tan\alpha$	0	$\frac{\sqrt{3}}{3}$	1	$\sqrt{3}$	–

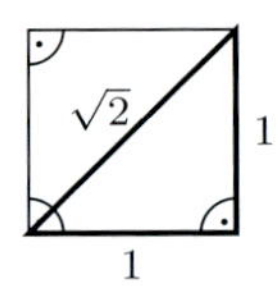

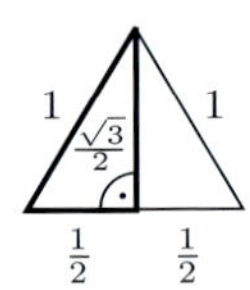

Polarkoordinaten eines Punktes

Pol: Ursprung O

Polarachse: positive Abszissenachse

$x = r \cdot \cos\varphi \qquad y = r \cdot \sin\varphi$

$r = \sqrt{x^2 + y^2} \qquad \cos\varphi = \frac{x}{r} \qquad \sin\varphi = \frac{y}{r}$

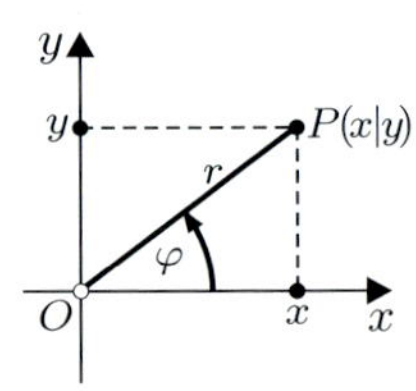

6.2 Graphen der trigonometrischen Funktionen

Sinusfunktion sin: $\mathbb{R} \to [-1, 1]$; $x \mapsto \sin x$

Symmetrieachsen: $x = \frac{\pi}{2} + k\pi$; $k \in \mathbb{Z}$ Symmetriezentren: $(k\pi \mid 0)$

Periodizität: $\sin(x + 2k\pi) = \sin x$ Periodenlänge: 2π

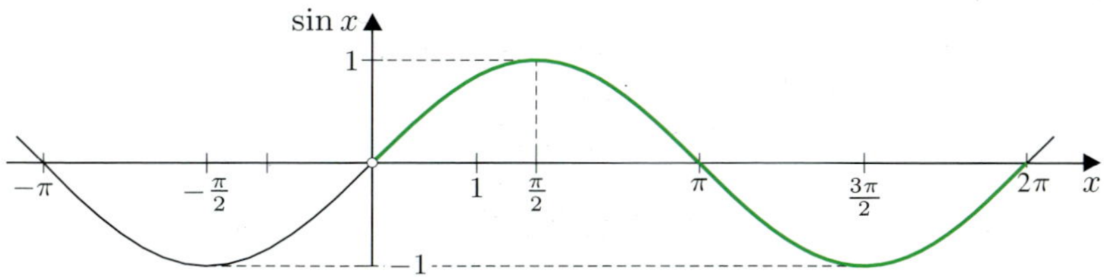

Kosinusfunktion cos: $\mathbb{R} \to [-1, 1]$; $x \mapsto \cos x$

Symmetrieachsen: $x = k\pi$; $k \in \mathbb{Z}$ Symmetriezentren: $(\frac{\pi}{2} + k\pi \mid 0)$

Periodizität: $\cos(x + 2k\pi) = \cos x$ Periodenlänge: 2π

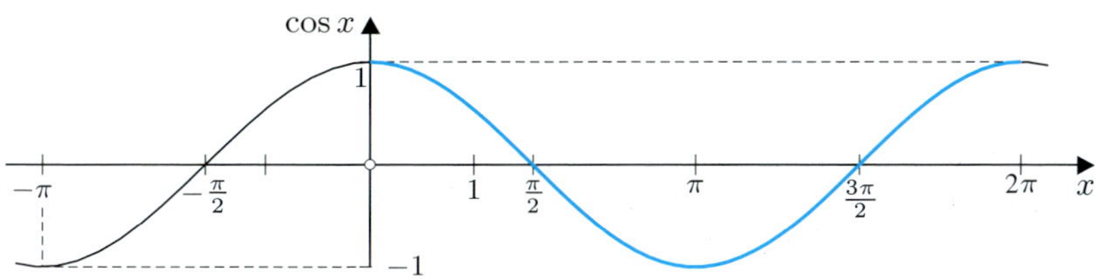

Tangensfunktion tan: $\mathbb{R} \setminus \{\frac{\pi}{2} + k\pi, k \in \mathbb{Z}\} \to \mathbb{R}$; $x \mapsto \tan x$

Symmetriezentren: $(k\,\frac{\pi}{2} \mid 0)$; $k \in \mathbb{Z}$ Asymptoten: $x = \frac{\pi}{2} + k\pi$

Periodizität: $\tan(x + k\pi) = \tan x$ Periodenlänge: π

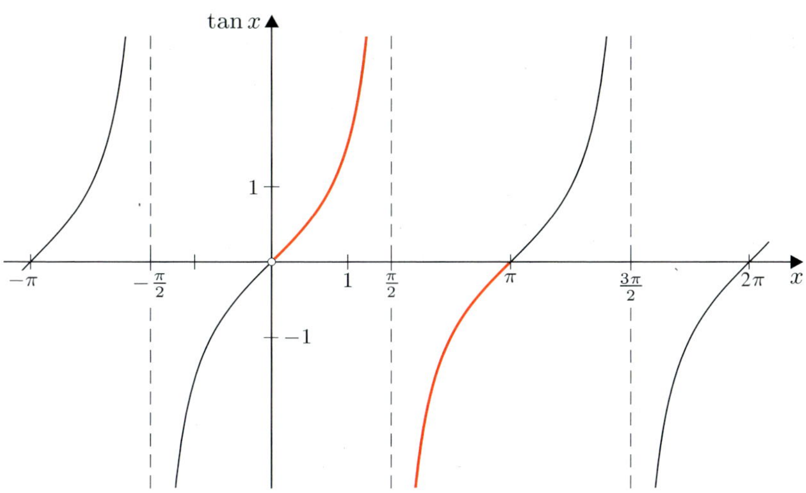

6.3 Berechnung des allgemeinen Dreiecks

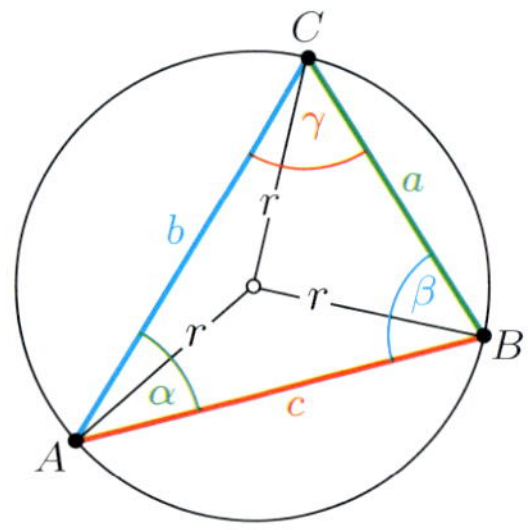

Sinussatz

$$\frac{a}{\sin\alpha} = \frac{b}{\sin\beta} = \frac{c}{\sin\gamma} = 2r$$

r: Umkreisradius

Kosinussatz

$$a^2 = b^2 + c^2 - 2bc\cos\alpha$$

Spezialfall: Für $\alpha = 90°$ stimmt der Kosinussatz mit dem Satz des Pythagoras überein.

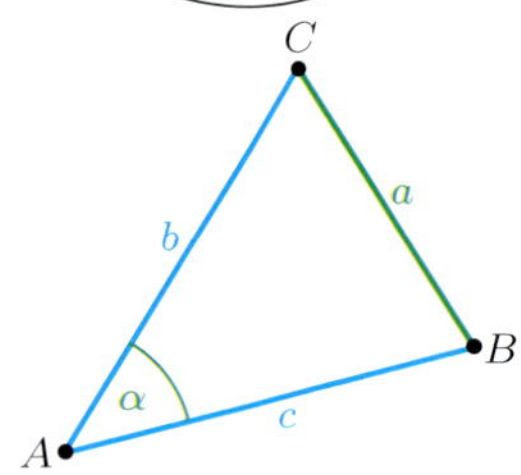

Flächeninhalt

$$A = \frac{1}{2}ab\sin\gamma = 2r^2\sin\alpha\cdot\sin\beta\cdot\sin\gamma = \frac{abc}{4r}$$

6.4 Beziehungen zwischen den Winkelfunktionen

Für jeden zulässigen Winkel α gilt:

$\sin^2\alpha + \cos^2\alpha = 1$ ("trigonometrischer Pythagoras")

$$\tan\alpha = \frac{\sin\alpha}{\cos\alpha} \qquad \frac{1}{\cos^2\alpha} = 1 + \tan^2\alpha$$

$$\begin{aligned}
\sin(90° - \alpha) &= \cos\alpha & \cos(90° - \alpha) &= \sin\alpha\\
\sin(90° + \alpha) &= \cos\alpha & \cos(90° + \alpha) &= -\sin\alpha\\
\sin(180° - \alpha) &= \sin\alpha & \cos(180° - \alpha) &= -\cos\alpha\\
\sin(180° + \alpha) &= -\sin\alpha & \cos(180° + \alpha) &= -\cos\alpha
\end{aligned}$$

Additionstheoreme

$$\begin{aligned}
\sin(\alpha \pm \beta) &= \sin\alpha\cdot\cos\beta \pm \cos\alpha\cdot\sin\beta\\
\cos(\alpha \pm \beta) &= \cos\alpha\cdot\cos\beta \mp \sin\alpha\cdot\sin\beta\\
\tan(\alpha \pm \beta) &= \frac{\tan\alpha \pm \tan\beta}{1 \mp \tan\alpha\cdot\tan\beta}
\end{aligned}$$

$$\begin{aligned}
\sin(2\alpha) &= 2\sin\alpha\cdot\cos\alpha\\
\cos(2\alpha) &= \cos^2\alpha - \sin^2\alpha = 2\cos^2\alpha - 1 = 1 - 2\sin^2\alpha\\
\tan(2\alpha) &= \frac{2\tan\alpha}{1 - \tan^2\alpha}
\end{aligned}$$

6.5 Harmonische Schwingungen

Allgemeine Sinusfunktion

$f(x) = a \cdot \sin(bx + c) \qquad (a, b > 0)$

heisst allgemeine Sinusfunktion

Grundfunktion $g(x) = \sin x$

Wirkung von a allein: $f(x) = a \cdot \sin x$

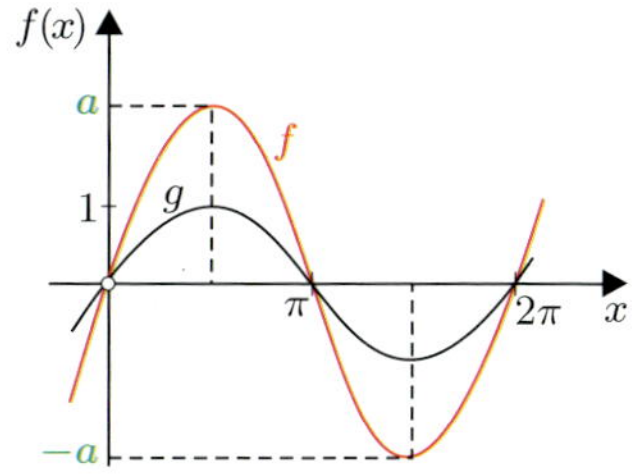

Wirkung von b allein: $f(x) = \sin(bx)$

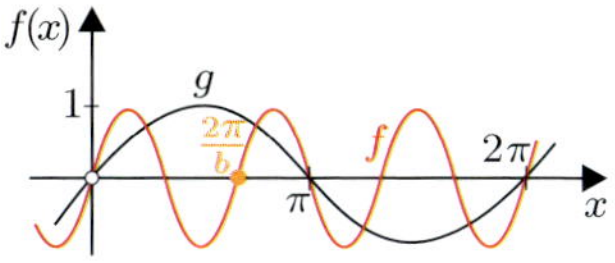

Wirkung von c allein: $f(x) = \sin(x + c)$

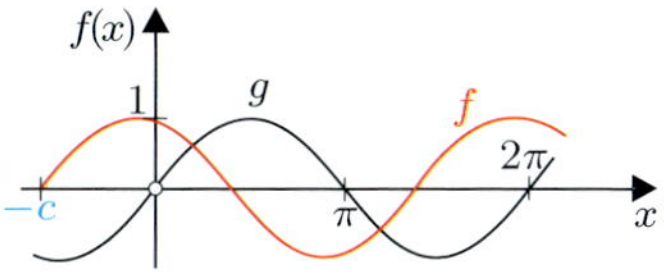

Harmonische Schwingung (vgl. 88: Harmonische Schwingungen)

$f(t) = A \sin(\omega t - \varphi_0) \qquad (A, \omega > 0)$

beschreibt eine harmonische Schwingung mit Amplitude A, Winkelgeschwindigkeit/Kreisfrequenz ω und Nullphase φ_0.

Periodenlänge/Schwingungsdauer: $T = \dfrac{2\pi}{\omega}$

Phasenverschiebung: $\dfrac{\varphi_0}{\omega}$

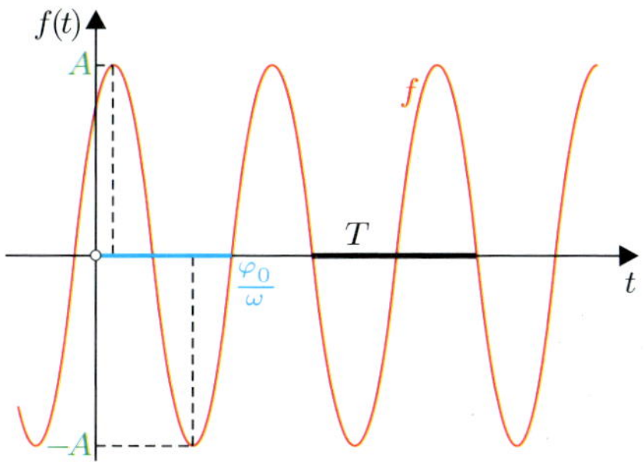

7 Stereometrie

V: Volumen $\quad G$: Grundfläche $\quad M$: Mantelfläche $\quad D$: Deckfläche $\quad S$: Oberfläche (Surface)
h: Körperhöhe $\quad d$: Raumdiagonale $\quad s$: Mantellinie $\quad r, r_1, r_2$: Kreisradien

Würfel

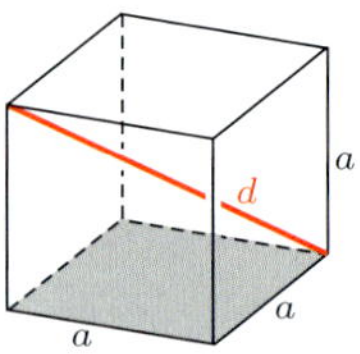

$$d = \sqrt{3}\,a$$
$$G = D = a^2$$
$$S = 6a^2$$
$$V = a^3$$

Quader

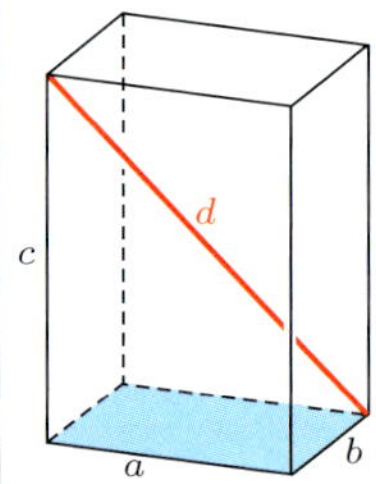

$$d = \sqrt{a^2 + b^2 + c^2}$$
$$G = D = ab$$
$$S = 2(ab + ac + bc)$$
$$V = abc$$

Prisma

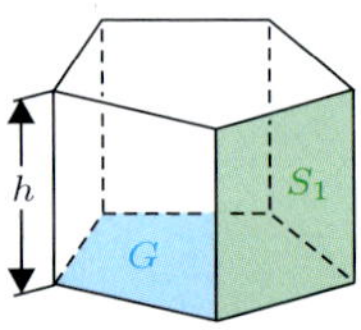

$$S = 2G + S_1 + S_2 + \ldots + S_n$$
$$V = Gh$$

Gerader Kreiszylinder

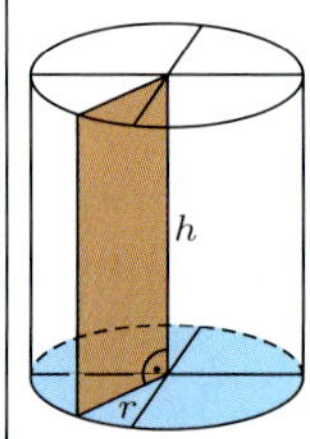

$$M = 2\pi r h$$
$$S = 2\pi r^2 + 2\pi r h = 2\pi r(r + h)$$
$$V = \pi r^2 h$$

Pyramide

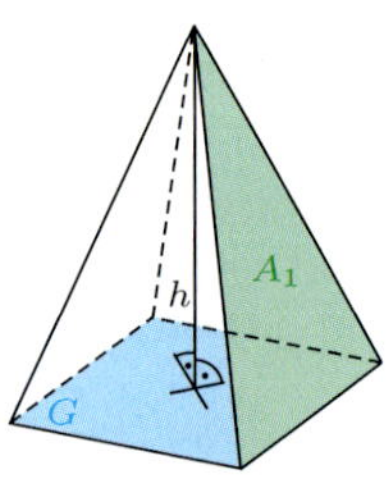

$$S = G + A_1 + A_2 + \ldots + A_n$$
$$V = \frac{1}{3}\,Gh$$

Gerader Kreiskegel

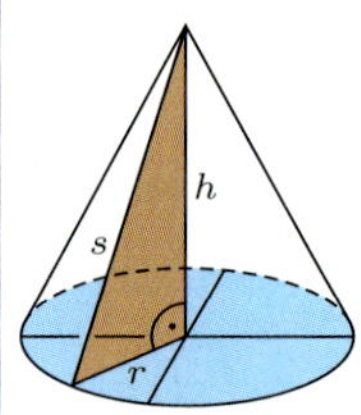

$$s^2 = r^2 + h^2$$
$$M = \pi r s$$
$$S = \pi r^2 + \pi r s = \pi r(r + s)$$
$$V = \frac{1}{3}\,\pi r^2 h$$

Pyramidenstumpf

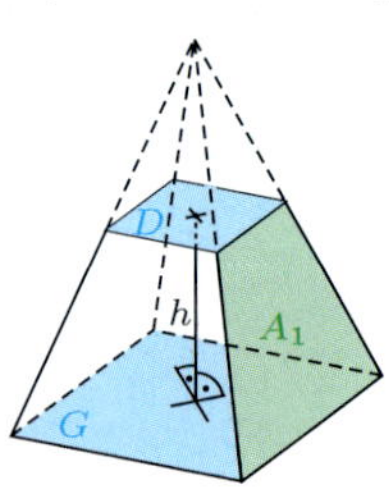

$$S = G + D + A_1 + \ldots + A_n$$
$$V = \frac{1}{3}\,h(G + \sqrt{GD} + D)$$

Gerader Kegelstumpf

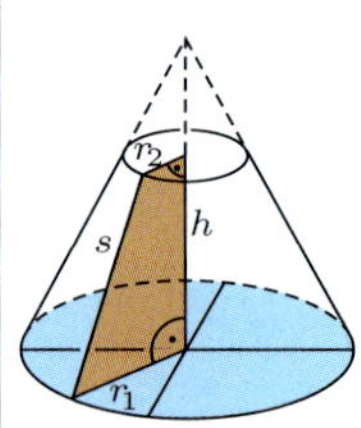

$$s^2 = (r_1 - r_2)^2 + h^2$$
$$M = \pi s(r_1 + r_2)$$
$$S = \pi(r_1^2 + r_2^2 + s(r_1 + r_2))$$
$$V = \frac{1}{3}\,\pi h(r_1^2 + r_1 r_2 + r_2^2)$$

Cavalieri-Prinzip

Stehen Körper auf derselben Ebene und werden sie von jeder Parallelebene in flächengleichen Figuren geschnitten, so haben diese Körper dasselbe Volumen.

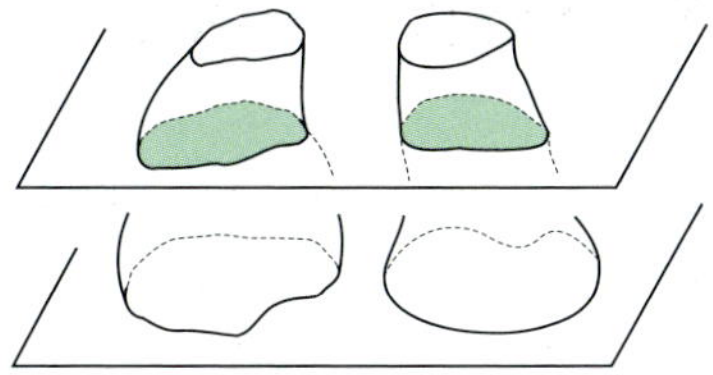

Kugel

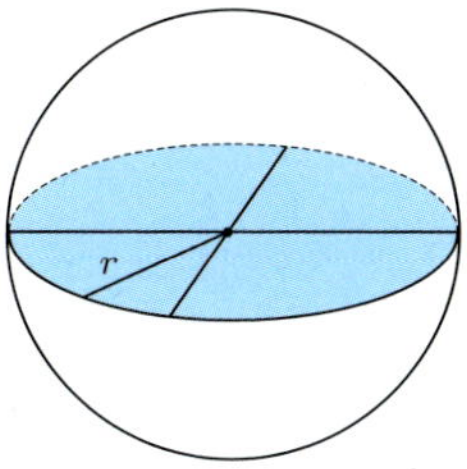

$$S = 4\pi r^2$$
$$V = \frac{4\pi}{3} r^3$$

Kugelschicht

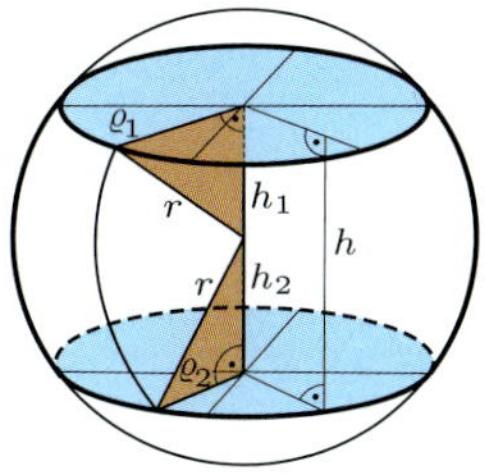

$$\varrho_1^2 = r^2 - h_1^2$$
$$\varrho_2^2 = r^2 - h_2^2$$
$$M = 2\pi r h \quad \text{(Kugelzone)}$$
$$S = \pi(2rh + \varrho_1^2 + \varrho_2^2)$$
$$V = \frac{\pi h}{6}(3\varrho_1^2 + 3\varrho_2^2 + h^2)$$

Kugelsegment (Kugelabschnitt)

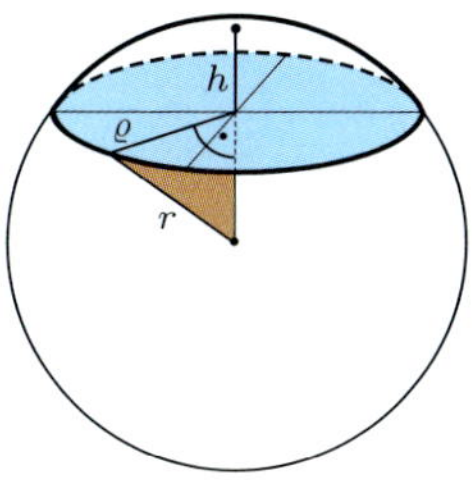

$$\varrho^2 = h(2r - h)$$
$$M = 2\pi r h \quad \text{(Kugelkappe)}$$
$$S = 2\pi r h + \pi \varrho^2$$
$$V = \frac{\pi}{6} h(3\varrho^2 + h^2) = \frac{\pi}{3} h^2(3r - h)$$

Kugelsektor (Kugelausschnitt)

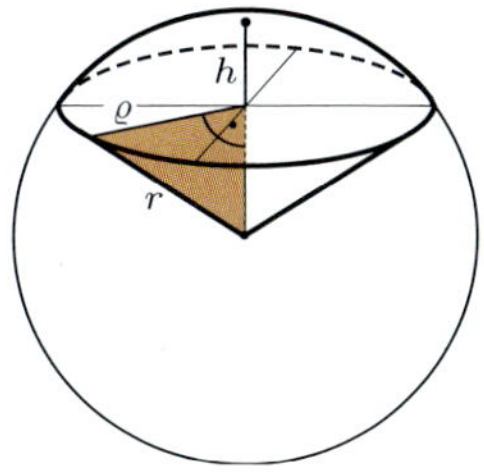

$$\varrho^2 = h(2r - h)$$
$$M = 2\pi r h$$
$$S = 2\pi r h + \pi \varrho r$$
$$V = \frac{2\pi}{3} r^2 h$$

Ellipsoid

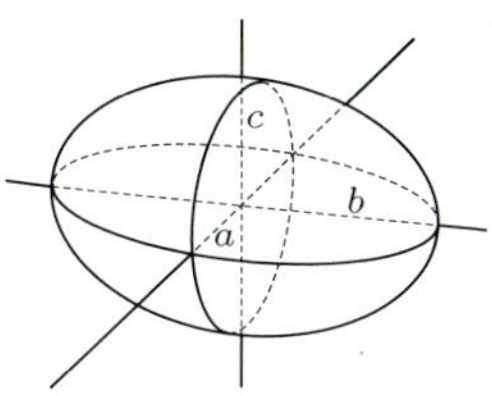

$$V = \frac{4\pi}{3} abc$$

Torus

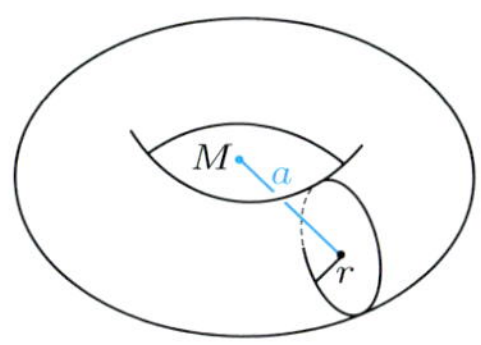

$$S = 4\pi^2 a r$$
$$V = 2\pi^2 a r^2$$

Die fünf platonischen Körper (reguläre Polyeder)

Tetraeder	Hexaeder/Würfel	Oktaeder	Dodekaeder	Ikosaeder

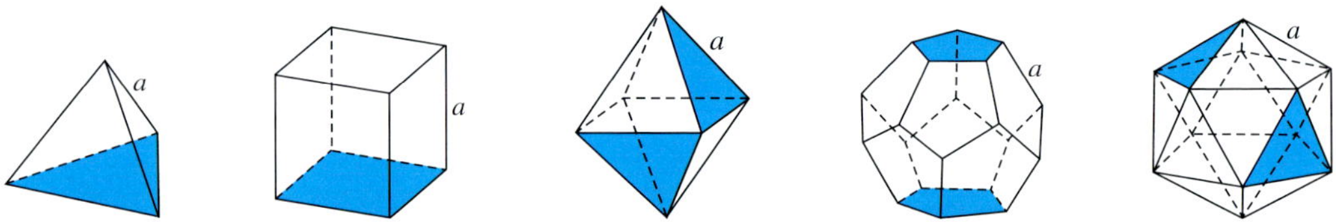

4 gleichseitige Dreiecke	6 Quadrate	8 gleichseitige Dreiecke	12 regelmässige Fünfecke	20 gleichseitige Dreiecke

S	$\sqrt{3}\,a^2$	$6a^2$	$2\sqrt{3}\,a^2$	$3\sqrt{5(5+2\sqrt{5})}\,a^2$	$5\sqrt{3}\,a^2$
V	$\frac{\sqrt{2}}{12}\,a^3$	a^3	$\frac{\sqrt{2}}{3}\,a^3$	$\frac{15+7\sqrt{5}}{4}\,a^3$	$\frac{5(3+\sqrt{5})}{12}\,a^3$

Netze

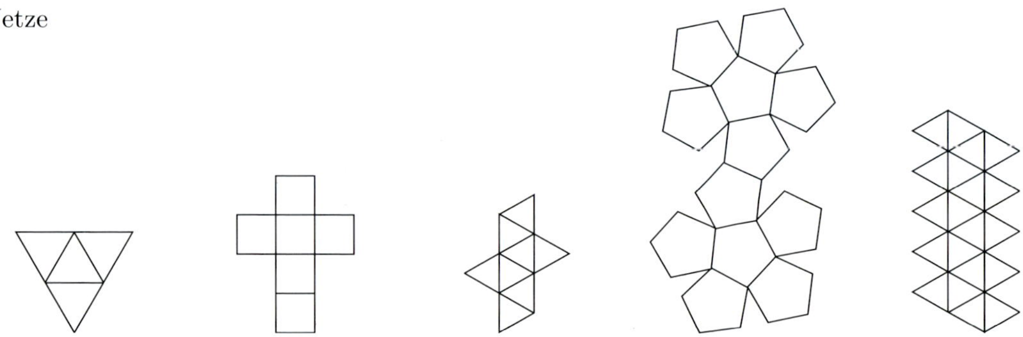

e	4	8	6	20	12
k	6	12	12	30	30
f	4	6	8	12	20

e: Anzahl der Ecken k: Anzahl der Kanten f: Anzahl der Flächen

Eulerscher Polyedersatz

Für alle einfachen Polyeder (Polyeder ohne “Löcher”) gilt:

$e - k + f = 2$

8 Vektoren

8.1 Grundbegriffe

Definition

Eine unendliche Menge paralleler, gleich gerichteter und gleich langer Strecken (Pfeile) heisst Vektor.

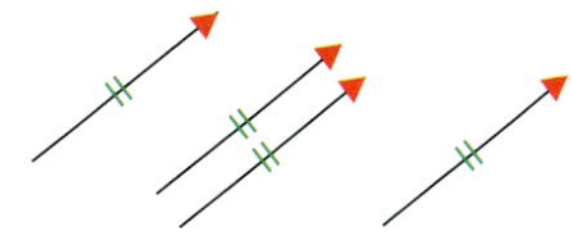

Ein Vektor kann durch einen Pfeil repräsentiert werden.

Eine Verschiebung (Translation) wird durch einen einzigen Pfeil (einen Repräsentanten) aus der unendlichen Menge (Äquivalenzklasse) aller parallelen, gleich gerichteten und gleich langen Pfeile festgelegt.

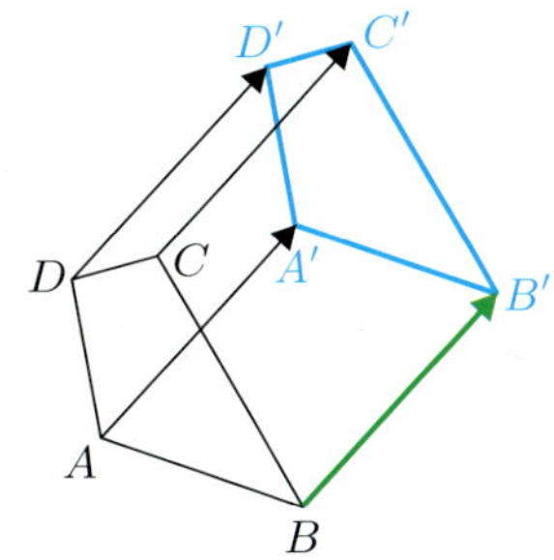

Schreibweise

Vektoren werden mit Kleinbuchstaben und einem Pfeil oder mittels Anfangs- und Endpunkt bezeichnet: $\vec{a} = \overrightarrow{AE}$

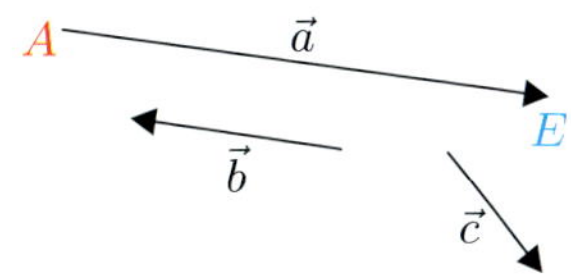

Skalare und Vektoren

In unserer physikalischen Umwelt werden häufig skalare Grössen (z. B. Temperatur, Masse, Energie, Frequenz) und vektorielle Grössen (z. B. Geschwindigkeit, Kraft, Drehmoment, elektrische Feldstärke) unterschieden. Für einen Skalar reicht die Angabe einer Zahl (bzw. einer Masszahl und einer Masseinheit). Ein Vektor ist erst durch seine Länge (seinen Betrag) und seine Richtung vollständig bestimmt.

$T, \quad m$

$\vec{v}, \quad \vec{F}$

Spezielle Vektoren

Der Nullvektor $\vec{0}$ ist ein Vektor mit der Länge 0 und unbestimmter Richtung.

Zu jedem Vektor $\vec{a} = \overrightarrow{AB} \neq \vec{0}$ existiert der Gegenvektor $-\vec{a} = \overrightarrow{BA}$ mit derselben Länge aber entgegengesetzter Richtung wie $\vec{a}$.
Es gilt: $\vec{a} + (-\vec{a}) = \vec{0}$

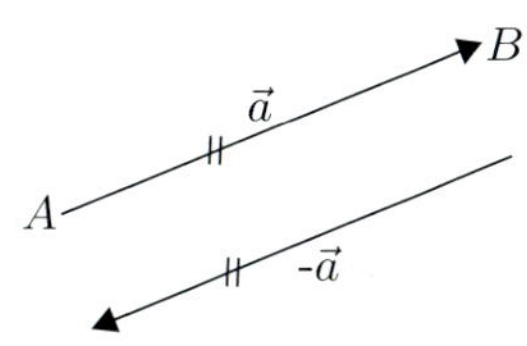

Ein Einheitsvektor $\vec{e}$ hat die Länge 1.

8.2 Rechnen mit Vektoren (koordinatenfrei)

Multiplikation mit einem Skalar

Für $r \in \mathbb{R} \setminus \{0\}$ stellt $r \cdot \vec{a}$ den Vektor mit der $|r|$-fachen Länge von $\vec{a}$ dar.
Falls $r > 0$ ist, hat $r \cdot \vec{a}$ dieselbe Richtung wie $\vec{a}$, falls $r < 0$ die entgegengesetzte Richtung.

Zudem gilt: $0 \cdot \vec{a} = \vec{0}$

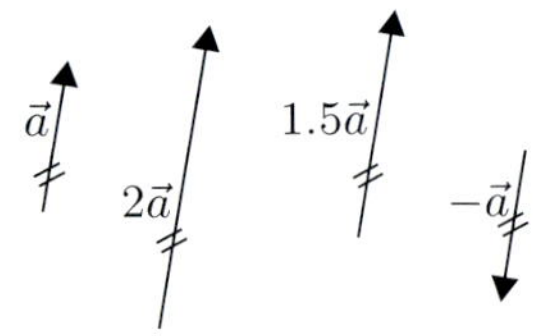

Zwei Vektoren $\vec{a}$ und $\vec{b}$, die zur gleichen Geraden parallel sind, heissen kollinear. Sie sind Vielfache voneinander,

d. h. $\vec{a} = k \cdot \vec{b}$ oder $\vec{b} = \dfrac{1}{k} \cdot \vec{a}$.

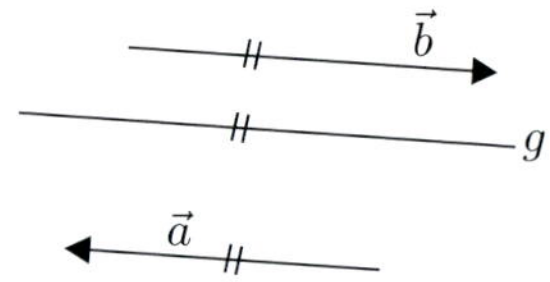

Addition

Zwei Vektoren $\vec{a}$ und $\vec{b}$ werden addiert, indem man die Verschiebungen hintereinander ausführt.
$\vec{a} + \vec{b} = \overrightarrow{AB} + \overrightarrow{BC} = \overrightarrow{AC} = \vec{c}$

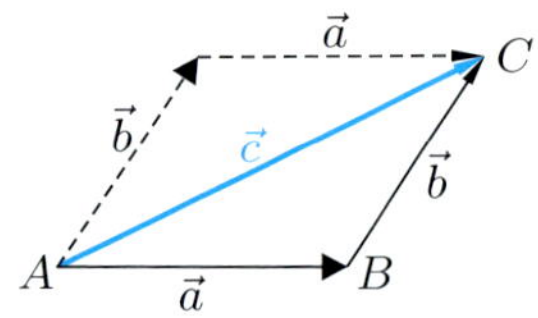

Subtraktion

Der Vektor $\vec{b}$ wird vom Vektor $\vec{a}$ subtrahiert, indem man zu $\vec{a}$ den Gegenvektor $-\vec{b}$ addiert.
$\vec{a} - \vec{b} = \vec{a} + (-\vec{b}) = \vec{d}$

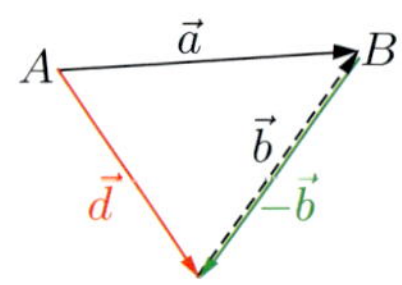

Gleichwertig ist: Der Differenzvektor $\vec{d}$ wird so konstruiert, dass $\vec{d} + \vec{b} = \vec{a}$ ergibt.

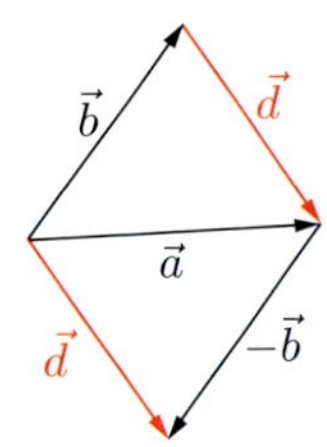

Rechengesetze

Es gelten ähnliche Regeln wie für das Rechnen mit Zahlen.

$$
\begin{aligned}
\vec{a} + \vec{b} &= \vec{b} + \vec{a} \\
\vec{a} + (\vec{b} + \vec{c}) &= (\vec{a} + \vec{b}) + \vec{c} = \vec{a} + \vec{b} + \vec{c} \\
\vec{a} + \vec{0} &= \vec{a} \\
u(\vec{a} + \vec{b}) &= u\vec{a} + u\vec{b} \\
(u + v)\vec{a} &= u\vec{a} + v\vec{a} \\
u(v\vec{a}) &= (uv)\vec{a} = uv\vec{a}
\end{aligned}
$$

Für andere Rechenoperationen (z. B. Skalar- und Vektorprodukt), bei denen die Rechengesetze nicht uneingeschränkt gelten: (vgl. 46, *11.2*)

9 Beschreibende Statistik, elementare Wahrscheinlichkeitsrechnung, Kombinatorik

9.1 Darstellung von Daten

Daten: 54 63 50 59 54 47 60 33 66 70

Stamm-Blätter Diagramm

Die Daten werden aufgespalten in "Stamm" und "Blätter".

○ repräsentiert das Datum 59

Stamm	Blätter
3	3
4	7
5	4 0 (9) 4
6	3 0 6
7	0

Klassenbildung

Die Daten werden zusammengefasst in Klassen gleicher oder unterschiedlicher Grösse.

Klasse	Strichliste	absolute Häufigkeit
30–39	|	1
40–49	|	1
50–59	||||	4
60–69	|||	3
70–79	|	1

Säulendiagramm

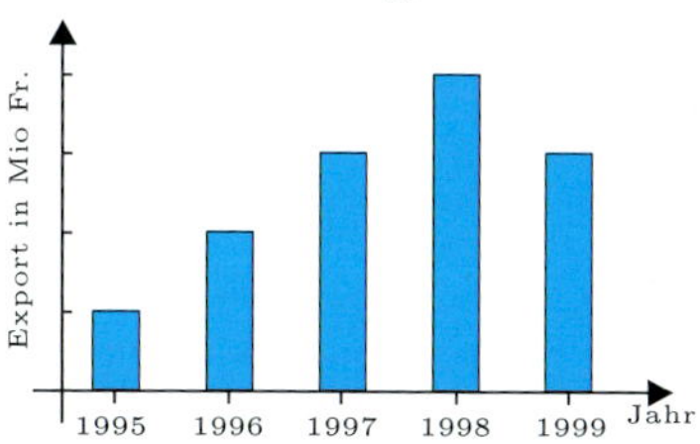

Histogramm

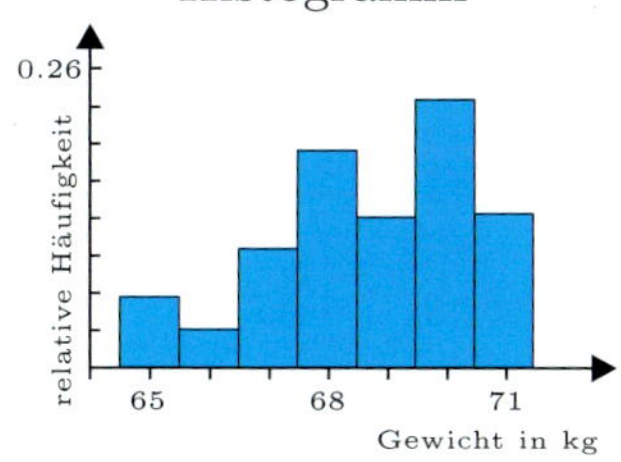

Balkendiagramm

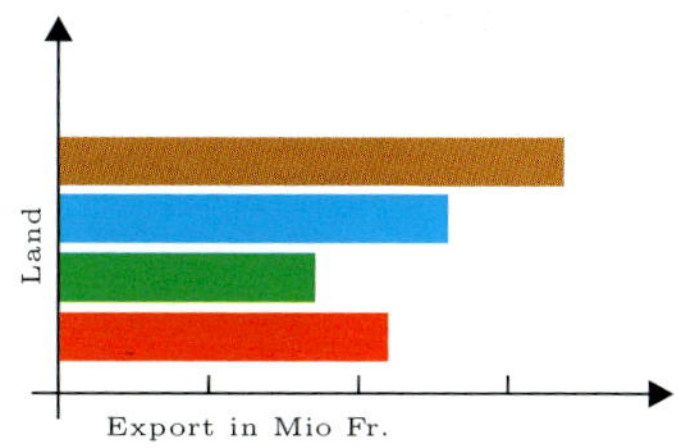

Streifendiagramm

Der gesamte Streifen veranschaulicht 100 %

$$\frac{\text{Prozentsatz}}{100} \cdot \text{Streifenlänge} = \text{Länge des}$$

Rechtecks des entsprechenden Anteils

$$\frac{\text{Rechtecklänge}}{\text{Streifenlänge}} \cdot 100 = \text{Prozentsatz}$$

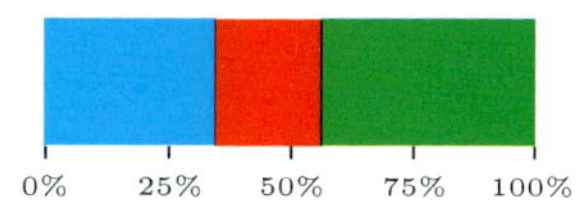

Kreisdiagramm

Der volle Winkel veranschaulicht 100 %

$$\frac{\text{Prozentsatz}}{100} \cdot 360° = \text{Zentriwinkel des}$$

Sektors des entsprechenden Anteils

$$\frac{\text{Zentriwinkel des Sektors}}{360°} \cdot 100 = \text{Prozentsatz}$$

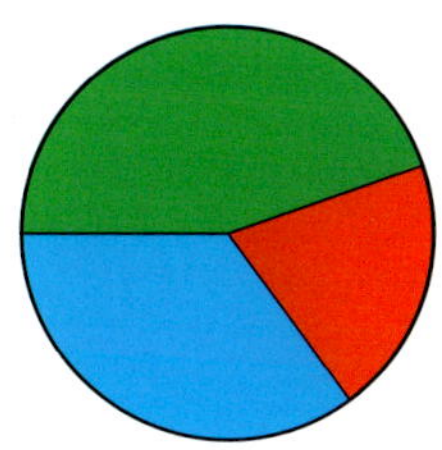

9.2 Beschreibende Statistik

Grundgesamtheit

Die Menge aller Objekte, die hinsichtlich eines gewissen Merkmals (oder mehrerer Merkmale gleichzeitig) untersucht werden, heisst Grundgesamtheit.

Stichprobe

Eine Teilmenge der Grundgesamtheit, bestehend aus n Elementen, heisst eine Stichprobe vom Umfang n.

$x_1, x_2, \ldots, x_i, \ldots, x_n$ sind die Ergebnisse der Stichprobe,

$w_1, w_2, \ldots, w_k$ sind die verschiedenen Merkmalswerte der Ergebnisse.

k: Anzahl der verschiedenen Merkmalswerte

Stichprobe vom Umfang 10:
Personen einer Spendergruppe
Merkmal:
Blutgruppe
Merkmalswerte:
0, A, B, AB
Ergebnisse:
A, A, 0, B, 0,
0, A, AB, B, 0

Absolute Häufigkeit eines Merkmalswertes

Anzahl n_i, mit der der Merkmalswert w_i auftritt. Die Summe der absoluten Häufigkeiten ist gleich dem Stichprobenumfang:

$n_1 + n_2 + \ldots + n_i + \ldots + n_k = n$

Relative Häufigkeit eines Merkmalswertes

$$h_i = \frac{\text{absolute Häufigkeit von } w_i}{\text{Stichprobenumfang}} = \frac{n_i}{n}$$

Die Summe der relativen Häufigkeiten ist gleich 1:

$h_1 + h_2 + \ldots + h_i + \ldots + h_k = 1$

w_i	n_i	h_i	h_i %
0	4	0.4	40
A	3	0.3	30
B	2	0.2	20
AB	1	0.1	10

Klassenbildung

Die Ergebnisse einer Stichprobe werden in r Klassen $K_1, K_2, \ldots, K_r$ zerlegt.

$m_1, m_2, \ldots, m_r$: Klassenmitten

$n_1, n_2, \ldots, n_r$: absolute Häufigkeiten

Für Histogramme ist eine ungerade Anzahl von 5 bis 15 Klassen gleicher Breite sinnvoll.

Lageparameter einer Stichprobe vom Umfang n

Arithmetisches Mittel (empirischer Mittelwert)

$$\overline{x} = \frac{1}{n} \cdot (x_1 + x_2 + \ldots + x_i + \ldots + x_n)$$

Bei Klassenbildung:

$$\overline{x} = \frac{1}{n} \cdot (n_1 \cdot m_1 + n_2 \cdot m_2 + \ldots + n_r \cdot m_r)$$

Median (Zentralwert)

Falls die Ergebnisse der Stichprobe angeordnet werden können, werden sie der Grösse nach geordnet.
Der Median $\tilde{x}$ ist das mittlere Ergebnis bei ungeradem n. Bei geradem n ist der Median das arithmetische Mittel der beiden mittleren Ergebnisse.

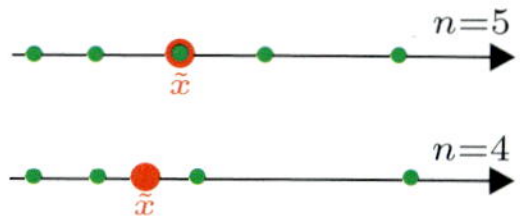

Modus (Modalwert)

Der Modus ist gleich dem häufigsten Ergebnis der Stichprobe.

Streuparameter einer Stichprobe vom Umfang n

Varianz (empirische Varianz)

Die Varianz s^2 ist gleich der Summe der Quadrate aller Differenzen zwischen den einzelnen Ergebnissen x_i und dem arithmetischen Mittel $\overline{x}$, dividiert durch den um 1 verkleinerten Stichprobenumfang n:

$$s^2 = \frac{1}{n-1} \cdot \left((x_1 - \overline{x})^2 + \ldots + (x_n - \overline{x})^2\right)$$

Bei Klassenbildung:

$$s^2 = \frac{1}{n-1} \cdot \left(n_1(m_1 - \overline{x})^2 + \ldots + n_r(m_r - \overline{x})^2\right)$$

Für die Varianz der vollständig bekannten Grundgesamtheit vom Umfang N gilt:

$$\sigma^2 = \frac{1}{N} \cdot \left((x_1 - \overline{x})^2 + \ldots + (x_N - \overline{x})^2\right)$$

Standardabweichung

Die Standardabweichung s ist die Quadratwurzel aus der Varianz.

Spannweite

Die Spannweite R ist gleich der Differenz aus dem grössten und dem kleinsten Ergebnis:

$$R = x_{\max} - x_{\min}$$

Boxplot einer geordneten Stichprobe

Die Strecken geben die untersten bzw. die obersten 25 % der Werte an, das Rechteck die restlichen 50 %; der Strich im Rechteck gibt den Median an:

q_1: erstes Quartil:
Median der Ergebnisse links vom Median $\tilde{x}$

q_3: drittes Quartil:
Median der Ergebnisse rechts vom Median $\tilde{x}$

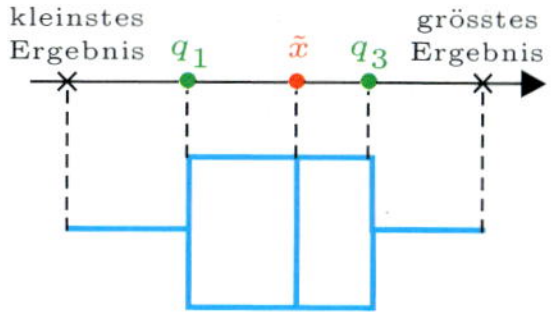

9.3 Elementare Wahrscheinlichkeitsrechnung

Zufallsexperiment/ Zufallsversuch	Ein Experiment, dessen Ergebnis (Ausfall, Ausgang) nicht vorhergesagt werden kann, heisst Zufallsexperiment.
Ergebnisraum (Stichprobenraum)	Die Menge Ω aller bei einem Zufallsexperiment möglichen Ergebnisse ω_i $(1 \leq i \leq n$ und $n \in \mathbb{N})$ heisst Ergebnisraum.
Ereignis	Eine Teilmenge E des Ergebnisraumes Ω heisst Ereignis. Man sagt: "Das Ereignis E ist eingetreten", wenn das Zufallsexperiment mit einem Ergebnis aus E ausfällt. Zum Ergebnisraum Ω mit n Ergebnissen können insgesamt 2^n verschiedene Ereignisse definiert werden.

> Wurf zweier verschiedener Münzen:
> $\Omega = \{KK, KZ, ZK, ZZ\}$
> K: Kopf
> Z: Zahl
> $\omega_1 = KK \quad \omega_3 = ZK$
> $\omega_2 = KZ \quad \omega_4 = ZZ$

Unmögliches Ereignis	Das Ereignis $\{\ \}$, das bei keiner Versuchsdurchführung eintritt, heisst unmögliches Ereignis.
Sicheres Ereignis	Das Ereignis Ω, das bei jeder Versuchsdurchführung eintritt, heisst sicheres Ereignis.
Gegenereignis	Die Komplementärmenge $\overline{E}$ von E heisst Gegenereignis von E: $\overline{E} \cup E = \Omega$
Unvereinbare Ereignisse	Zwei Ereignisse A und B heissen unvereinbar, wenn gilt: $A \cap B = \{\ \}$ Gegenereignisse E und $\overline{E}$ sind stets unvereinbar.
Klassische (Laplace-) Wahrscheinlichkeit	Alle möglichen Ergebnisse eines Zufallsexperimentes haben die gleiche Wahrscheinlichkeit. Für die Wahrscheinlichkeit $P(E)$ eines Ereignisses E gilt dann:

$$P(E) = \frac{\text{Anzahl der für } E \text{ günstigen Ergebnisse}}{\text{Anzahl aller möglichen Ergebnisse}} = \frac{|E|}{|\Omega|}$$

Kolmogoroff-Axiome	Für das Rechnen mit Wahrscheinlichkeiten gilt:

1) $P(E) \geq 0$; E ein beliebiges Ereignis
2) $P(\Omega) = 1$ das sichere Ereignis hat die Wahrscheinlichkeit "eins"
3) Für unvereinbare Ereignisse A, B gilt:
$P(A \cup B) = P(A) + P(B)$

Wahrscheinlichkeitsfunktion	Eine Funktion P, die jedem Ereignis E eines Ergebnisraumes Ω dessen Wahrscheinlichkeit zuordnet, heisst Wahrscheinlichkeitsfunktion: $P\colon E \mapsto P(E) \qquad (0 \leq P(E) \leq 1)$

Additionssatz

Sind A und B zwei beliebige Ereignisse, so gilt für die Wahrscheinlichkeit $P(A \cup B)$ des Eintretens des Ereignisses A oder des Ereignisses B:

$$P(A \cup B) = P(A) + P(B) - P(A \cap B)$$

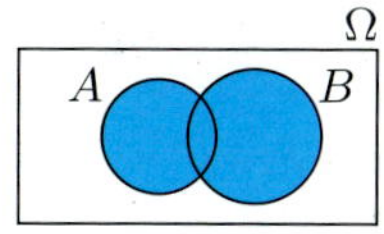

Wahrscheinlichkeit des Gegenereignisses

$$P(\overline{E}) = 1 - P(E)$$

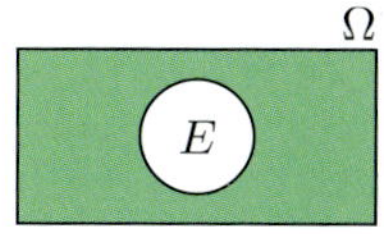

Bedingte Wahrscheinlichkeit

Die Wahrscheinlichkeit des Ereignisses A unter der Voraussetzung, dass das Ereignis B eingetreten ist, heisst bedingte Wahrscheinlichkeit.

$$P(A|B) = \frac{P(A \cap B)}{P(B)}$$

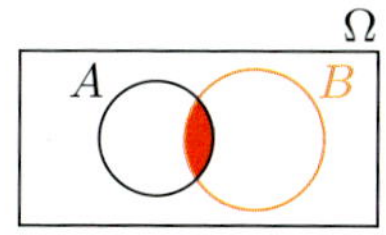

Multiplikationssatz

Für die Wahrscheinlichkeit $P(A \cap B)$ des Eintretens sowohl des Ereignisses A als auch des Ereignisses B gilt:

$$P(A \cap B) = P(B) \cdot P(A|B) = P(A) \cdot P(B|A)$$

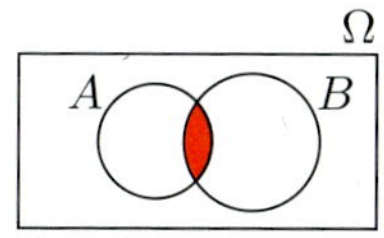

Wenn das Eintreten von B die Wahrscheinlichkeit für das Ereignis A nicht beeinflusst (A und B sind unabhängige Ereignisse), dann gilt speziell:

$$P(A \cap B) = P(A) \cdot P(B)$$

Unabhängige Ereignisse

Häufig definiert man auch:
Zwei Ereignisse A und B heissen genau dann unabhängig, wenn $P(A \cap B) = P(A) \cdot P(B)$ ist.

Mehrstufiger Zufallsversuch

Ein aus mehreren Teilversuchen bestehender Zufallsversuch heisst mehrstufig.

Werfen zweier Münzen

Baumdiagramm

Im Baumdiagramm können alle Ergebnisse eines Zufallsexperimentes übersichtlich dargestellt werden.

Ziehen von zwei Kugeln ohne Zurücklegen aus einer Urne mit drei verschiedenen Kugeln b, g, r

Pfadregeln:

1) Jeder Pfad eines Baumdiagramms stellt ein Ergebnis des Zufallsexperiments dar.
2) Die Wahrscheinlichkeit für ein Ergebnis ist gleich dem Produkt aller längs des Pfades auftretenden Wahrscheinlichkeiten.
3) Die Wahrscheinlichkeit für ein Ereignis ist gleich der Summe der zugehörigen Pfadwahrscheinlichkeiten.

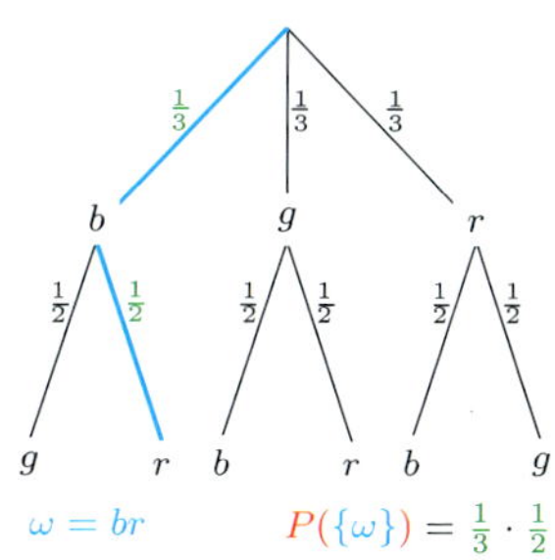

9.4 Kombinatorik

Fakultät

Das Produkt aller natürlichen Zahlen von 1 bis n wird mit $n!$ bezeichnet. (gelesen: "n Fakultät")

$$\begin{aligned} n! &:= n\cdot(n-1)\cdot(n-2)\cdot\ldots\cdot 3\cdot 2\cdot 1 \qquad (n>1)\\ &= n\cdot(n-1)!\\ 0! &:= 1\\ 1! &:= 1 \end{aligned}$$

Binomialkoeffizient

Der Binomialkoeffizient $\binom{n}{k}$ (gelesen: "n über k") ist der Quotient

$$\begin{aligned} \binom{n}{k} &= \frac{n\cdot(n-1)\cdot(n-2)\cdot\ldots(n-(k-1))}{k\cdot(k-1)\cdot\ldots\cdot 3\cdot 2\cdot 1} \qquad \text{(je } k \text{ Faktoren)}\\ &= \frac{n!}{k!\cdot(n-k)!} \qquad 0\le k\le n \end{aligned}$$

Pascalsches Dreieck

Die Binomialkoeffizienten lassen sich im pascalschen Dreieck ablesen

Eigenschaften:

1) $\binom{n}{k} = \binom{n}{n-k}$

(Symmetrie)

2) $\binom{n}{0} = \binom{n}{n} = 1$

(Randwerte)

3) $\binom{n+1}{k+1} = \binom{n}{k} + \binom{n}{k+1}$

(Additionsprinzip/Rekursionsvorschrift)

$n=0$						1					
$n=1$					1		1				
$n=2$				1		2		1			
$n=3$			1		3		3		1		
$n=4$		1		4		6		4		1	
$n=5$	1		5		10		10		5		1

($k=0$, $k=1$, $k=2$, $k=3$, $k=4$, $k=5$ entlang der Diagonalen)

Binomischer Lehrsatz

Für alle natürlichen Zahlen n gilt:

$$(a+b)^n = \binom{n}{0}a^n + \binom{n}{1}a^{n-1}b + \ldots + \binom{n}{k}a^{n-k}b^k + \ldots + \binom{n}{n}b^n$$

Ziehen einer Stichprobe

Anzahl der Möglichkeiten bei k Ziehungen aus einer Grundgesamtheit vom Umfang n:

	Ziehung mit Wiederholung	Ziehung ohne Wiederholung
mit Beachtung der Reihenfolge	n^k	$n\cdot(n-1)\cdot(n-2)\cdot\ldots\cdot(n-k+1) = \frac{n!}{(n-k)!}$
ohne Beachtung der Reihenfolge	$\binom{n+k-1}{k}$	$\binom{n}{k}$

10 Analytische Geometrie der Ebene

10.1 Strecke, Gerade

Abstand zweier Punkte

$$\overline{P_1P_2} = \sqrt{(x_2 - x_1)^2 + (y_2 - y_1)^2} = \sqrt{(\Delta x)^2 + (\Delta y)^2}$$

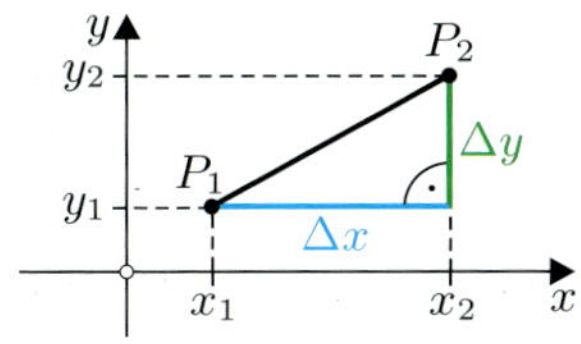

Geradengleichungen

Normalform (explizite Form)

$$g\colon\ y = mx + q$$

$$\text{Steigung } m = \frac{y_2 - y_1}{x_2 - x_1} = \frac{\Delta y}{\Delta x} = \tan\varphi$$

Δx heisst Horizontaldifferenz
Δy heisst Vertikaldifferenz
q heisst y-Achsenabschnitt
φ ist der Steigungswinkel

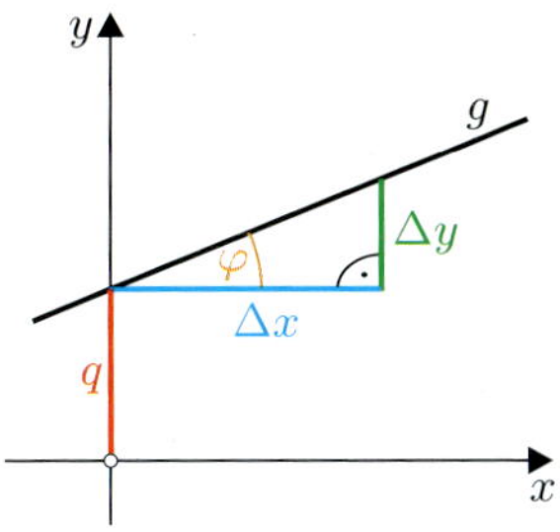

Koordinatenform (implizite Form)

$$g\colon\ ax + by + c = 0$$

Achsenabschnittsform

$$g\colon\ \frac{x}{p} + \frac{y}{q} = 1$$

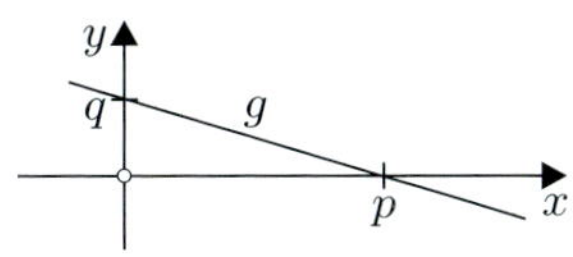

Hessesche Normalform

$$g\colon\ \frac{ax + by + c}{\sqrt{a^2 + b^2}} = 0$$

Parameterform (vgl. 45: Ortsvektor; vgl. 45: Freier Vektor; vgl. 47: Parameterform)

$$g\colon\ \vec{r} = \vec{r}_0 + t \cdot \vec{a} = \begin{pmatrix} x_0 \\ y_0 \end{pmatrix} + t \cdot \begin{pmatrix} a_x \\ a_y \end{pmatrix}$$

$t \in \mathbb{R}$ heisst Parameter.
$P_0(x_0 \mid y_0)$ ist ein fester Punkt der Geraden, $\vec{r}_0 = \begin{pmatrix} x_0 \\ y_0 \end{pmatrix}$ ist der Ortsvektor zu diesem Punkt und $\vec{a} = \begin{pmatrix} a_x \\ a_y \end{pmatrix}$ ist ein Richtungsvektor von g.

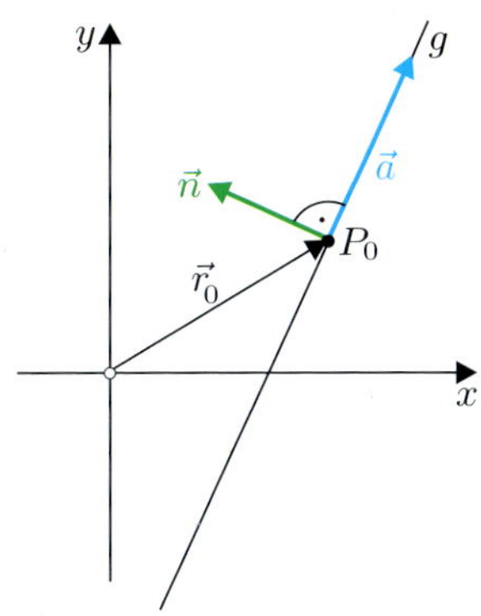

Normalenvektor

$\vec{n} = \begin{pmatrix} n_x \\ n_y \end{pmatrix} = \begin{pmatrix} a \\ b \end{pmatrix} = \begin{pmatrix} a_y \\ -a_x \end{pmatrix}$ ist ein Normalenvektor zu g.

Abstand eines Punktes von einer Geraden

Für eine Gerade g: $ax + by + c = 0$ und einen Punkt $P_1(x_1 \mid y_1)$ gilt:

$$d = \left| \frac{ax_1 + by_1 + c}{\sqrt{a^2 + b^2}} \right|$$

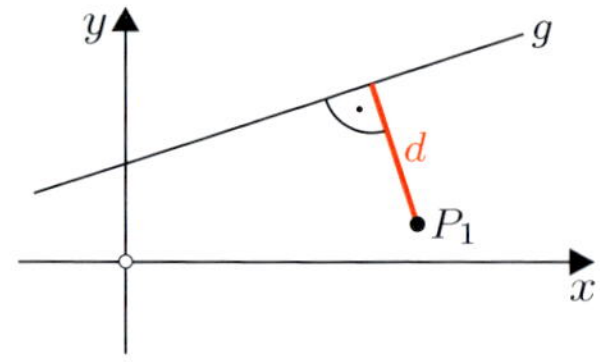

Schnittwinkel zwischen zwei Geraden

Für den spitzen Schnittwinkel γ zwischen den Geraden g_1: $y = m_1 x + q_1$ und g_2: $y = m_2 x + q_2$ gilt:

$$\tan \gamma = \left| \frac{m_2 - m_1}{1 + m_1 \cdot m_2} \right| \qquad (\gamma \neq 90°)$$

Spezialfälle

$g_1 \parallel g_2 \Leftrightarrow m_1 = m_2$ und
$g_1 \perp g_2 \Leftrightarrow m_2 = -\frac{1}{m_1} \qquad (m_1 \neq 0)$

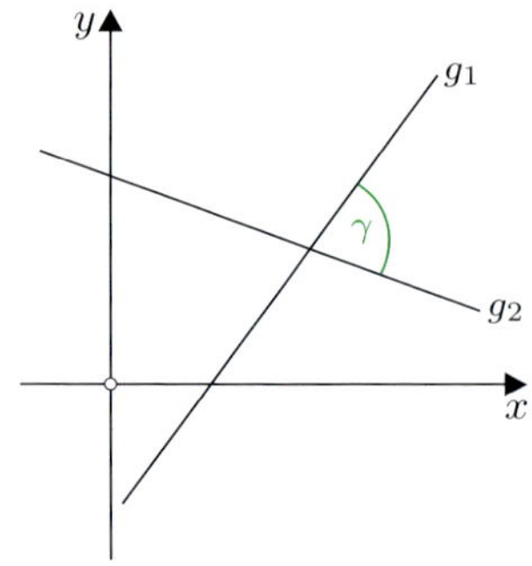

10.2 Kreis

Gleichung des Kreises mit dem Mittelpunkt im Ursprung

k: $x^2 + y^2 = r^2$

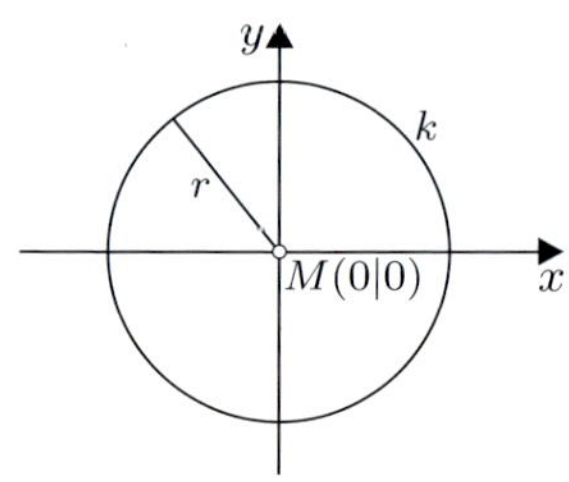

Gleichung des verschobenen Kreises

Der Kreis k hat den Mittelpunkt $M(u \mid v)$ und den Radius r:

k: $(x - u)^2 + (y - v)^2 = r^2$

Allgemeine Kreisgleichung

k: $x^2 + y^2 + ax + by + c = 0$

Dann ist $M(-\frac{a}{2} \mid -\frac{b}{2})$ der Mittelpunkt und $r = \frac{1}{2}\sqrt{a^2 + b^2 - 4c}$ der Radius von k.

Gleichung der Tangente in einem Kreispunkt

Für den Kreispunkt $P_0(x_0 \mid y_0)$ gilt:

t: $(x_0 - u)(x - u) + (y_0 - v)(y - v) = r^2$

Parameterform

$x = u + r \cdot \cos \varphi$
$y = v + r \cdot \sin \varphi$

φ heisst Richtungswinkel, $0° \leq \varphi < 360°$

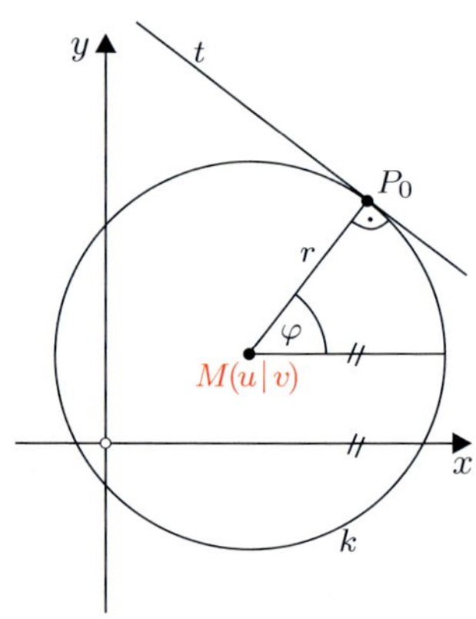

10.3 Kegelschnitte

Die Kegelschnitte als geometrische Örter

Ellipse

Die Ellipse ist der geometrische Ort aller Punkte P, für die die Summe der Abstände zu zwei festen Punkten F_1 und F_2 konstant ist.
Abstandseigenschaft: $\overline{PF_1} + \overline{PF_2} = 2a$
a, b heissen Halbachsen ($a \geq b$)
F_1, F_2 heissen Brennpunkte (Fokus)

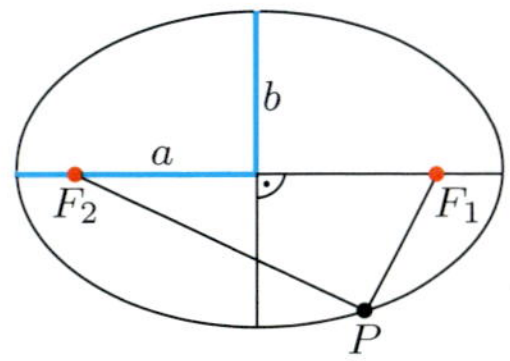

Reflexion der Strahlen von einem Brennpunkt in den anderen.

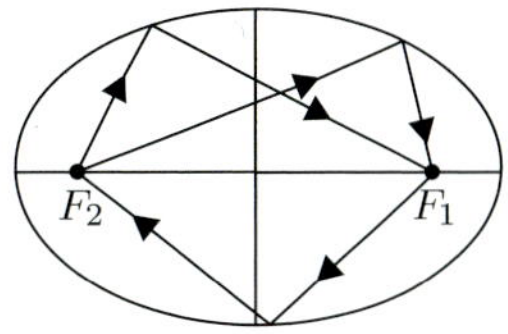

Parabel

Die Parabel ist der geometrische Ort aller Punkte P, die von einem festen Punkt F und einer festen Geraden l denselben Abstand haben.
Abstandseigenschaft: $\overline{PF} = \overline{PL}$
l heisst Leitlinie, F ist der Brennpunkt

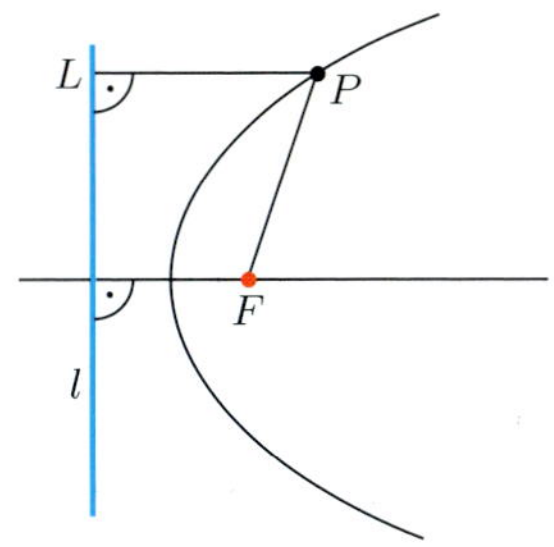

Reflexion parallel einfallender Strahlen in den Brennpunkt.

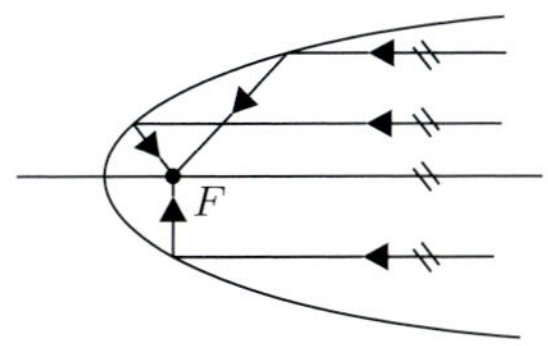

Hyperbel

Die Hyperbel ist der geometrische Ort aller Punkte P, für die der Betrag der Differenz der Entfernungen zu zwei festen Punkten F_1 und F_2 konstant ist.
Abstandseigenschaft: $|\overline{PF_1} - \overline{PF_2}| = 2a$
g_1, g_2 sind die Asymptoten der Hyperbel
F_1, F_2 heissen Brennpunkte

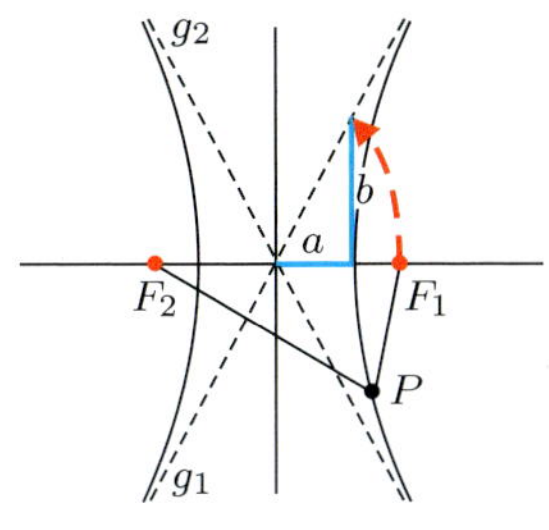

Reflexion der Strahlen von einem Brennpunkt mit "scheinbarem" Ausgang in den anderen.

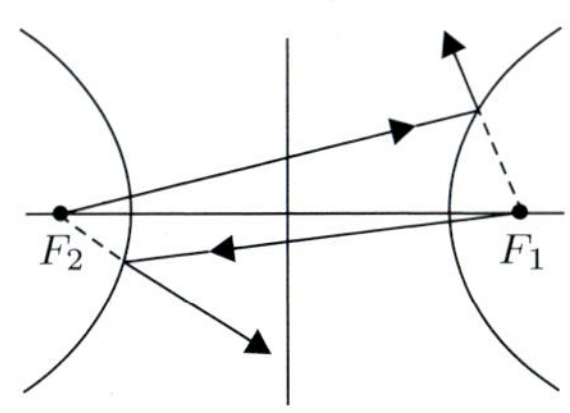

10.4 Ellipse, Parabel und Hyperbel als Kegelschnitte

Falls ein Doppelkegel mit einer Ebene φ, die nicht durch die Kegelspitze geht, geschnitten wird, treten drei wesentliche Fälle auf: Die Schnittkurve ist eine Ellipse, falls φ zu *keiner* Mantellinie parallel ist, eine Parabel, falls φ zu *einer* Mantellinie parallel ist, oder eine Hyperbel, falls φ zu *zwei* Mantellinien parallel ist. Auch ein Kreis kann als Kegelschnitt aufgefasst werden.

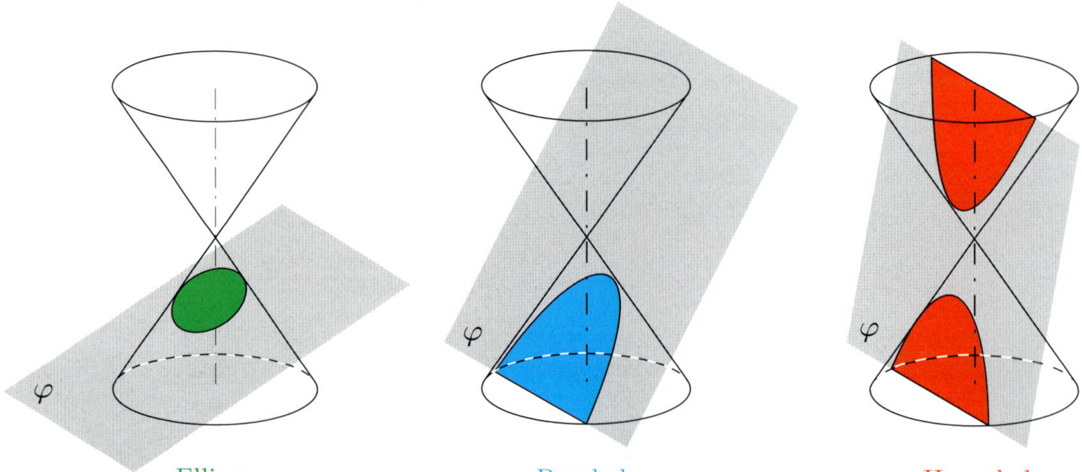

Ellipse Parabel Hyperbel

Analytische Beschreibung der Kegelschnitte

	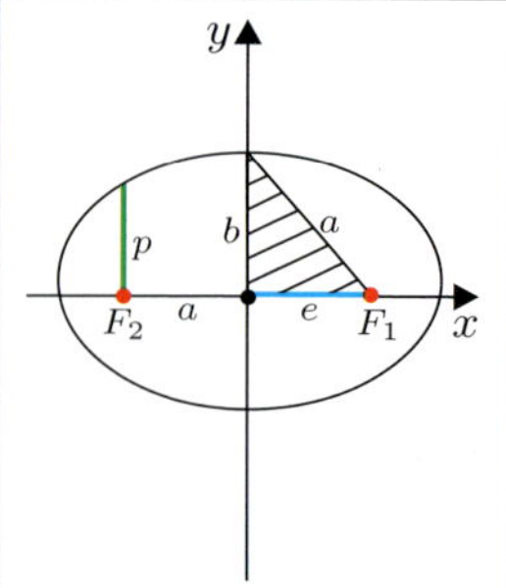	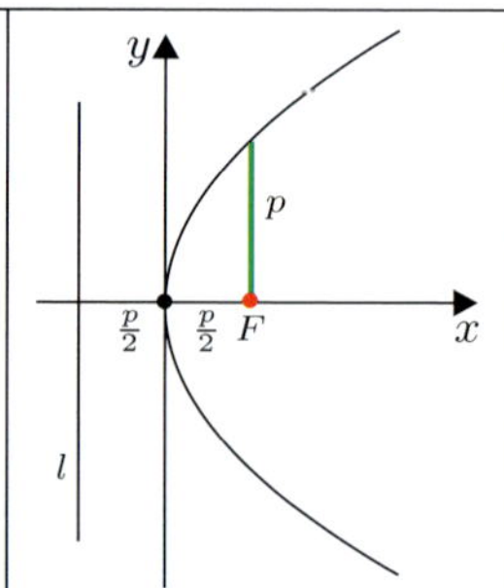	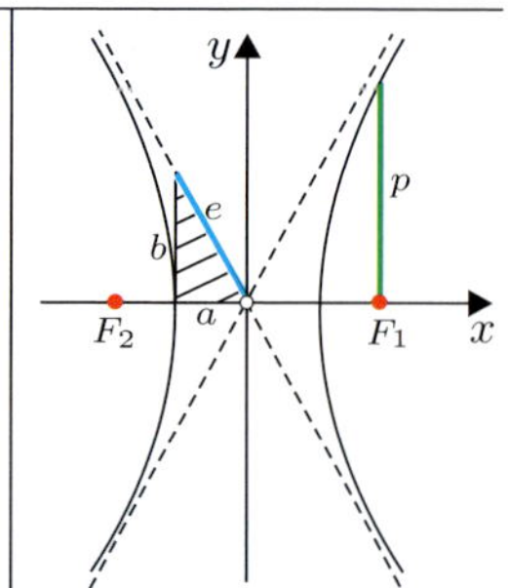
Brennpunkte	$F_1(e\,\vert\,0), F_2(-e\,\vert\,0)$	$F\left(\frac{p}{2}\,\middle\vert\,0\right)$	$F_1(e\,\vert\,0), F_2(-e\,\vert\,0)$
Kurvengleichung	$\frac{x^2}{a^2}+\frac{y^2}{b^2}=1$	$y^2=2px$ Scheitelgleichung	$\frac{x^2}{a^2}-\frac{y^2}{b^2}=1$
lineare Exzentrizität	$e=\sqrt{a^2-b^2}$		$e=\sqrt{a^2+b^2}$
numerische Exzentrizität	$\varepsilon=\frac{e}{a}<1$	$\varepsilon=1$	$\varepsilon=\frac{e}{a}>1$
Parameter (Quermass)	$p=\frac{b^2}{a}$	$p=d(F,l)$	$p=\frac{b^2}{a}$

11 Vektorgeometrie im Raum

11.1 Vektoren im dreidimensionalen Koordinatensystem

Ortsvektor

Ortsvektoren führen vom Nullpunkt $O(0|0|0)$ zu einem beliebigen Punkt $P(x|y|z)$.

$$\vec{r} = \overrightarrow{OP} = x\vec{e}_x + y\vec{e}_y + z\vec{e}_z := \begin{pmatrix} x \\ y \\ z \end{pmatrix}$$

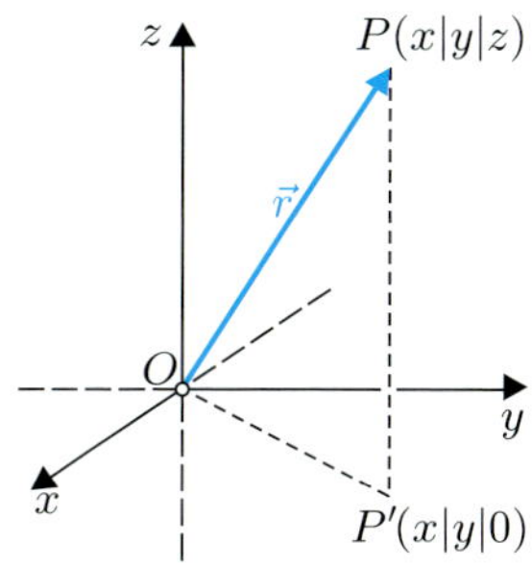

Länge (Betrag) eines Ortsvektors

$$|\vec{r}| = r = \sqrt{x^2 + y^2 + z^2}$$

Freier Vektor

Freie Vektoren dürfen parallel zu sich selbst verschoben werden.

$$\vec{a} = a_x\vec{e}_x + a_y\vec{e}_y + a_z\vec{e}_z := \begin{pmatrix} a_x \\ a_y \\ a_z \end{pmatrix}$$

mit den Einheitsvektoren $\vec{e}_x, \vec{e}_y, \vec{e}_z$

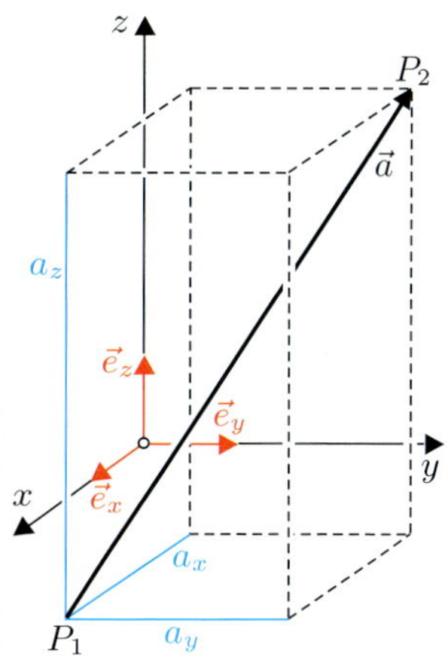

Länge (Betrag) eines Vektors

$$|\vec{a}| = a = \overline{P_1P_2} = \sqrt{a_x^2 + a_y^2 + a_z^2}$$

(Raumdiagonale im Quader)

Vektor aus Anfangs- und Endpunkt

$$\vec{a} = \overrightarrow{P_1P_2} = \vec{r}_2 - \vec{r}_1 = \begin{pmatrix} x_2 - x_1 \\ y_2 - y_1 \\ z_2 - z_1 \end{pmatrix}$$

mit $P_1(x_1|y_1|z_1)$ und $P_2(x_2|y_2|z_2)$

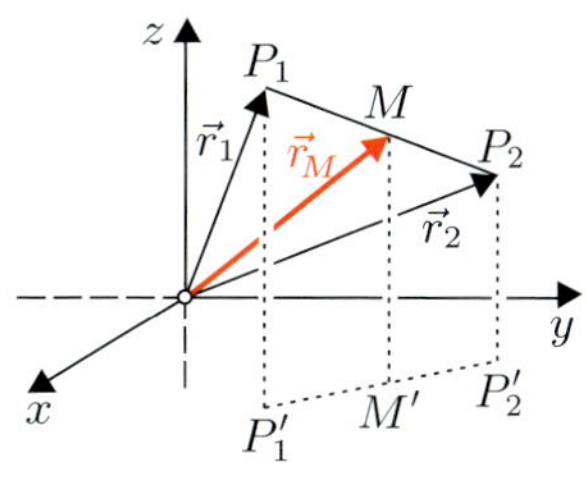

Abstand zweier Punkte (Distanzformel)

$$\overline{P_1P_2} = \sqrt{(x_2-x_1)^2 + (y_2-y_1)^2 + (z_2-z_1)^2}$$

Mittelpunkt einer Strecke

$$\vec{r}_M = \frac{1}{2}(\vec{r}_1 + \vec{r}_2)$$

$$x_M = \frac{x_1+x_2}{2}, \quad y_M = \frac{y_1+y_2}{2}, \quad z_M = \frac{z_1+z_2}{2}$$

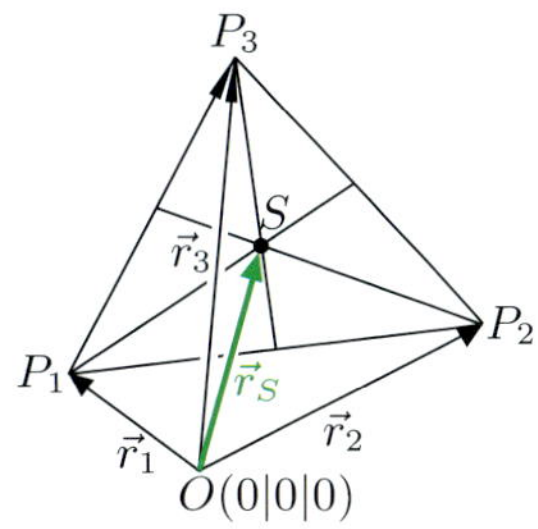

Schwerpunkt eines Dreiecks

$$\vec{r}_S = \frac{1}{3}(\vec{r}_1 + \vec{r}_2 + \vec{r}_3)$$

11.2 Rechenoperationen mit Vektoren

Addition und Subtraktion

$$\vec{a}\pm\vec{b} = \begin{pmatrix} a_x \\ a_y \\ a_z \end{pmatrix} \pm \begin{pmatrix} b_x \\ b_y \\ b_z \end{pmatrix} = \begin{pmatrix} a_x \pm b_x \\ a_y \pm b_y \\ a_z \pm b_z \end{pmatrix}$$

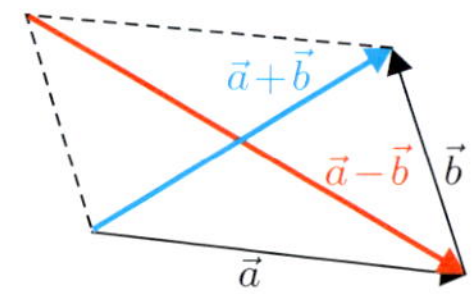

Multiplikation mit einem Skalar

$$k \cdot \vec{a} = k \cdot \begin{pmatrix} a_x \\ a_y \\ a_z \end{pmatrix} = \begin{pmatrix} ka_x \\ ka_y \\ ka_z \end{pmatrix} \qquad \text{mit } k \in \mathbb{R}$$

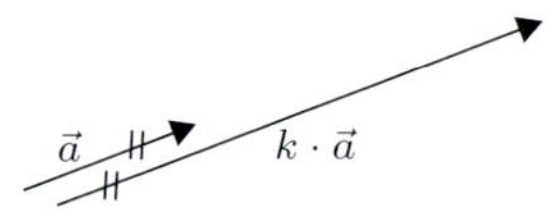

Skalarprodukt

$$\vec{a} \cdot \vec{b} = a \cdot b \cdot \cos\varphi = \begin{pmatrix} a_x \\ a_y \\ a_z \end{pmatrix} \cdot \begin{pmatrix} b_x \\ b_y \\ b_z \end{pmatrix} = a_x b_x + a_y b_y + a_z b_z$$

φ ist der Zwischenwinkel von $\vec{a}$ und $\vec{b}$.
b_a ist die senkrechte Projektion von $\vec{b}$ auf $\vec{a}$.

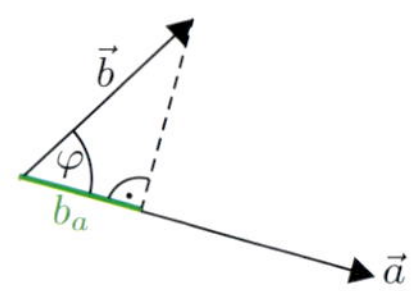

Spezialfall

Für $\vec{a} \neq \vec{0}, \vec{b} \neq \vec{0}$ gilt: $\vec{a} \cdot \vec{b} = 0 \Leftrightarrow \vec{a} \perp \vec{b}$

Winkel zwischen zwei Vektoren

$$\cos\varphi = \frac{\vec{a} \cdot \vec{b}}{a \cdot b} = \frac{a_x b_x + a_y b_y + a_z b_z}{\sqrt{a_x^2+a_y^2+a_z^2}\,\sqrt{b_x^2+b_y^2+b_z^2}}$$

Vektorprodukt

$$\vec{c} = \vec{a} \times \vec{b} = \begin{pmatrix} a_x \\ a_y \\ a_z \end{pmatrix} \times \begin{pmatrix} b_x \\ b_y \\ b_z \end{pmatrix} = \begin{pmatrix} a_y b_z - a_z b_y \\ a_z b_x - a_x b_z \\ a_x b_y - a_y b_x \end{pmatrix}$$

$\vec{c} \perp \vec{a}$ und $\vec{c} \perp \vec{b}$; $\vec{a}, \vec{b}$ und $\vec{c}$ bilden ein Rechtssystem.
$c = |\vec{a} \times \vec{b}| = a \cdot b \cdot \sin\varphi$ entspricht dem Flächeninhalt des von $\vec{a}$ und $\vec{b}$ aufgespannten Parallelogramms.
Beachte: $\vec{b} \times \vec{a} = -(\vec{a} \times \vec{b})$

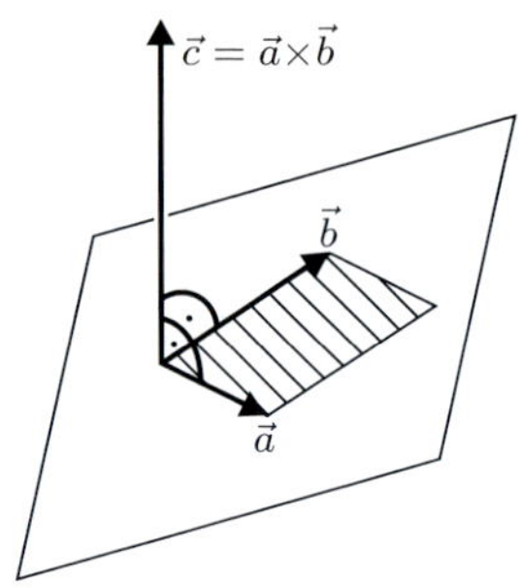

Spatprodukt

$$(\vec{a}, \vec{b}, \vec{c}) = (\vec{a} \times \vec{b}) \cdot \vec{c} = (\vec{b} \times \vec{c}) \cdot \vec{a} = (\vec{c} \times \vec{a}) \cdot \vec{b}$$

$|(\vec{a}, \vec{b}, \vec{c})|$ ist gleich dem Volumen des von $\vec{a}$, $\vec{b}$ und $\vec{c}$ aufgespannten Spats.

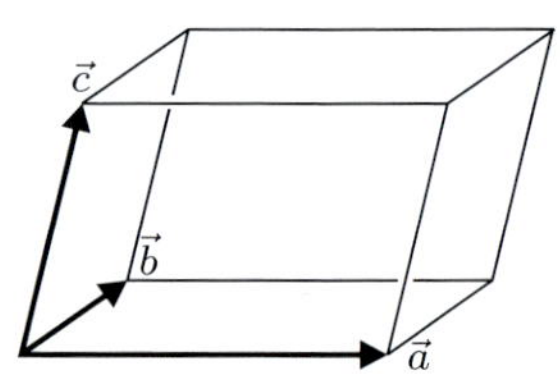

11.3 Gerade

Parameterform

$$g\colon\ \vec{r} = \vec{r}_0 + t \cdot \vec{a}$$

$$g\colon\ \begin{pmatrix} x \\ y \\ z \end{pmatrix} = \begin{pmatrix} x_0 \\ y_0 \\ z_0 \end{pmatrix} + t \cdot \begin{pmatrix} a_x \\ a_y \\ a_z \end{pmatrix}$$

$P_0(x_0|y_0|z_0)$ ist ein fester Punkt der Geraden g, $\vec{a}$ heisst Richtungsvektor von g.
$t \in \mathbb{R}$ heisst Parameter.
g' ist der Grundriss von g.
Beachte: Eine Gerade im Raum kann nur mittels Parametergleichung beschrieben werden.

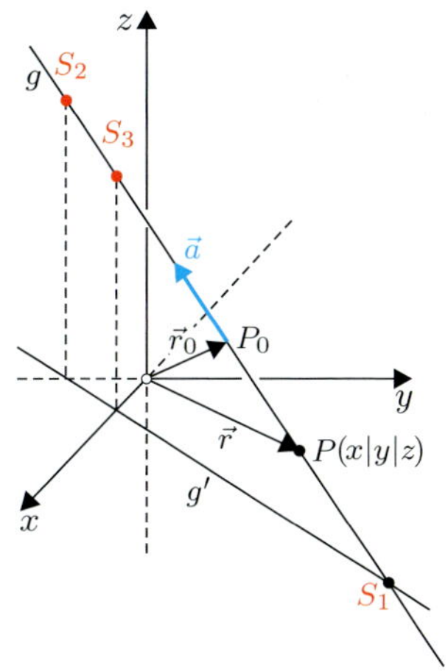

Spurpunkte

Die Durchstosspunkte einer Geraden mit den drei Koordinatenebenen heissen Spurpunkte.
S_1: Durchstosspunkt mit der xy-Ebene
S_2: Durchstosspunkt mit der yz-Ebene
S_3: Durchstosspunkt mit der xz-Ebene

Gegenseitige Lage zweier Geraden

$g\colon\ \vec{r} = \vec{p}_0 + t \cdot \vec{a}, \quad h\colon\ \vec{r} = \vec{q}_0 + s \cdot \vec{b}$
Für die gegenseitige Lage zweier Geraden im Raum gibt es vier Möglichkeiten:

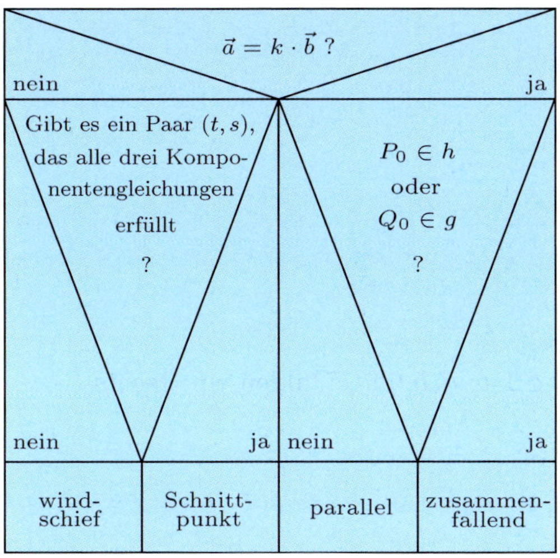

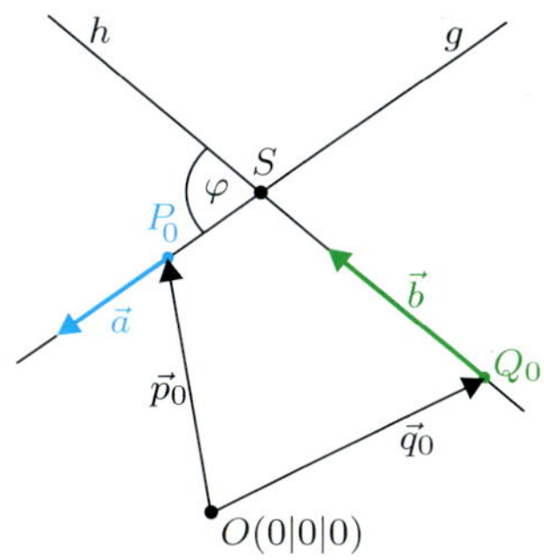

Winkel zwischen zwei Geraden

Für den Zwischenwinkel φ gilt:

$$\cos\varphi = \frac{\vec{a} \cdot \vec{b}}{a \cdot b}$$

$\vec{a}$ und $\vec{b}$ sind die Richtungsvektoren der beiden Geraden.

11.4 Ebene

Parameterform

$\varepsilon\colon \vec{r} = \vec{r}_0 + u \cdot \vec{a} + v \cdot \vec{b}$

P_0 ist ein fester Punkt der Ebene ε mit dem zugehörigen Ortsvektor $\vec{r}_0$. $\vec{a} \neq \vec{0}$ und $\vec{b} \neq \vec{0}$ sind zwei nicht kollineare Richtungsvektoren (vgl. 46: Multiplikation mit einem Skalar) der Ebene.
$u, v \in \mathbb{R}$ heissen Parameter.

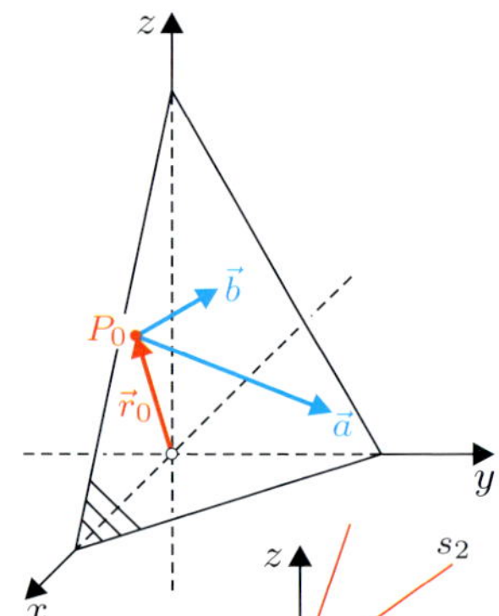

Koordinatenform

$\varepsilon\colon Ax + By + Cz + D = 0$

Achsenabschnittsform

$\varepsilon\colon \frac{x}{a} + \frac{y}{b} + \frac{z}{c} = 1$

a, b, c sind die Achsenabschnitte von ε
s_1, s_2, s_3 heissen Spurgeraden von ε

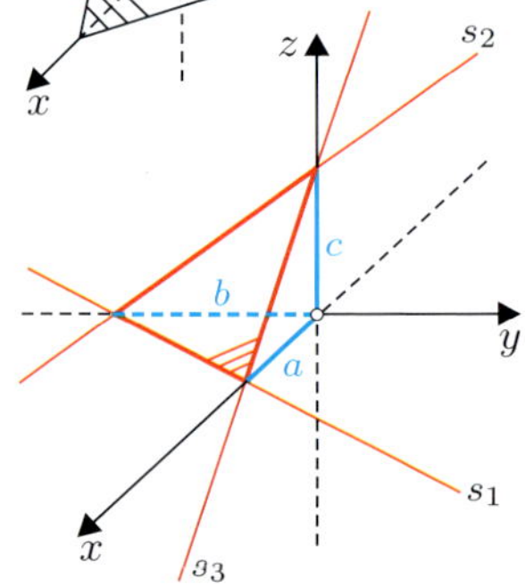

Spurgeraden/ Spuren

Die Schnittgeraden zwischen einer Ebene und den Koordinatenebenen heissen Spurgeraden.

Normalenvektor

$\vec{n} = \begin{pmatrix} n_x \\ n_y \\ n_z \end{pmatrix} = \begin{pmatrix} A \\ B \\ C \end{pmatrix}$

ist ein Normalenvektor zu ε

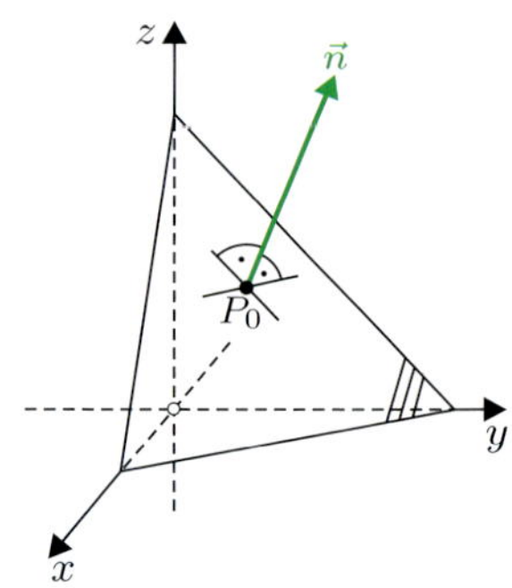

Normalenform

$\varepsilon\colon \vec{n} \cdot (\vec{r} - \vec{r}_0) = 0$

ε ist durch einen Punkt P_0 sowie einen Normalenvektor $\vec{n}$ gegeben.

Hessesche Normalform

$$\varepsilon\colon \frac{Ax + By + Cz + D}{\sqrt{A^2 + B^2 + C^2}} = 0$$

Spezielle Lagen von Ebenen

Ebenen, die senkrecht auf einer Koordinatenebene (Rissebene) stehen, heissen projizierende Ebenen.
z. B. $Ax + By + D = 0 \qquad (C = 0)$

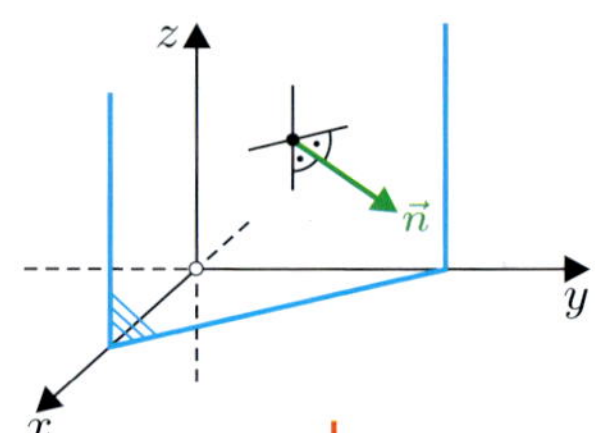

Ebenen, die parallel zu einer Koordinatenebene liegen, heissen Hauptebenen.
z. B. $By + D = 0 \qquad (A = C = 0)$.

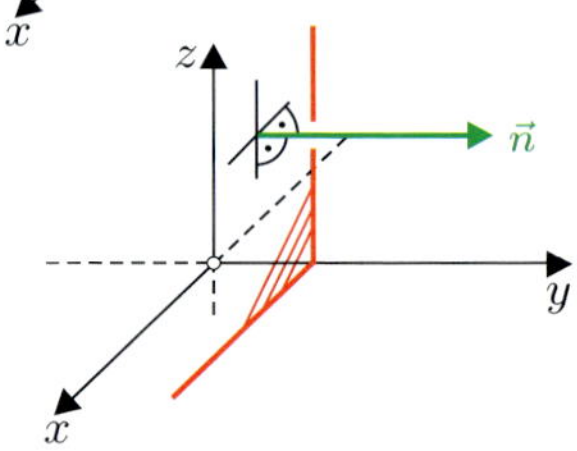

Abstand eines Punktes von einer Ebene

Für eine Ebene ε in der Koordinatenform und einen Punkt $P_1(x_1|y_1|z_1)$ gilt für den Abstand d von P_1 zu ε:

$$d = \left| \frac{Ax_1 + By_1 + Cz_1 + D}{\sqrt{A^2 + B^2 + C^2}} \right|$$

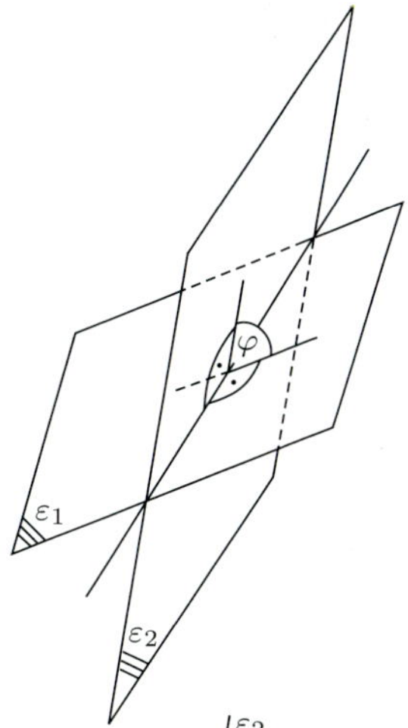

Winkel zwischen zwei Ebenen

Für den spitzen Schnittwinkel φ zwischen den Ebenen ε_1 und ε_2 mit den Normalenvektoren $\vec{n}_1$ und $\vec{n}_2$ gilt:

$$\cos\varphi = \left| \frac{\vec{n}_1 \cdot \vec{n}_2}{n_1 \cdot n_2} \right|$$

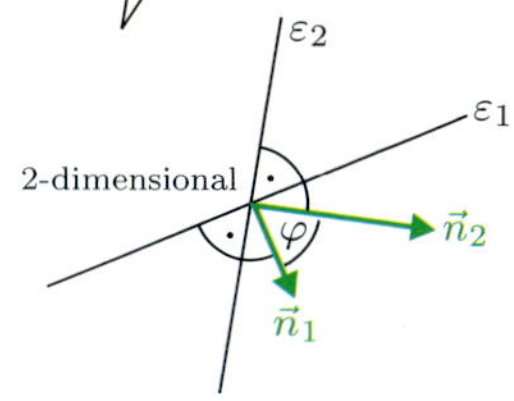

Neigungswinkel zwischen einer Geraden und einer Ebene

Für den spitzen Neigungswinkel γ zwischen einer Geraden g mit dem Richtungsvektor $\vec{a}$ und einer Ebene ε gilt:

$$\sin\gamma = \left| \frac{\vec{a} \cdot \vec{n}}{a \cdot n} \right|$$

D ist der Durchstosspunkt von g mit ε.

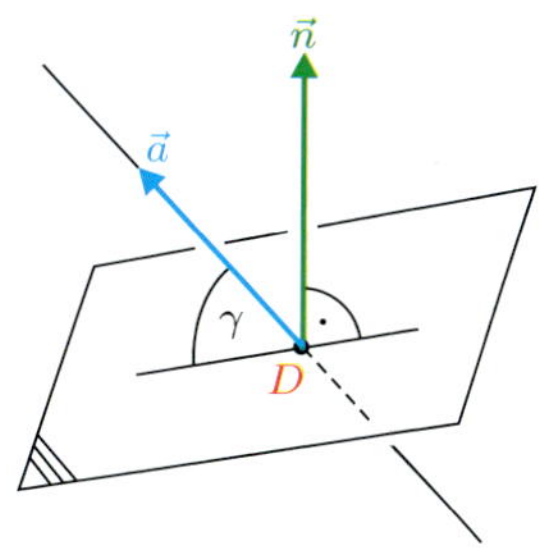

11.5 Kugel

Gleichung der Kugel mit Vektoren

Die Kugel K hat den Mittelpunkt $M(u|v|w)$ und den Radius R:

$$K\colon\ (\vec{r} - \vec{r}_M) \cdot (\vec{r} - \vec{r}_M) = R^2$$

$\vec{r}$ ist der Ortsvektor zu einem beliebigen Punkt auf der Kugeloberfläche.

Koordinatenform

$$K\colon\ (x - u)^2 + (y - v)^2 + (z - w)^2 = R^2$$

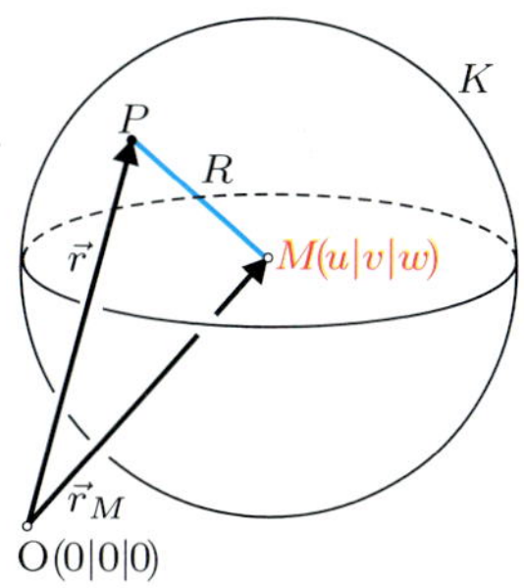

12 Einführung in die Analysis

12.1 Eigenschaften von Funktionen

Symmetrie

Achsensymmetrisch bzgl. y-Achse
$f(-x) = f(x)$
Punktsymmetrisch bzgl. Ursprung
$f(-x) = -f(x)$

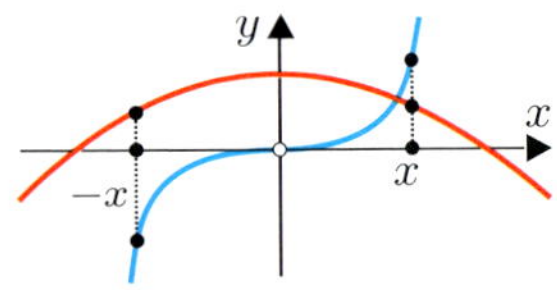

Monotonie

Eine Funktion heisst in einem Intervall $]a, b[$ monoton wachsend bzw. monoton fallend, wenn für $x_1 < x_2$ mit $x_1, x_2 \in]a, b[$ gilt:
$f(x_1) \leq f(x_2)$ bzw. $f(x_1) \geq f(x_2)$

Periodizität

$f(x + k \cdot p) = f(x)$ $\quad p$: Periode; $k \in \mathbb{Z}$

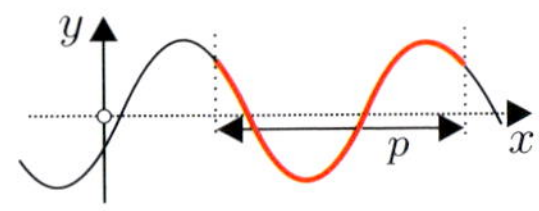

Verkettung

f: $x \mapsto f(x)$ und g: $x \mapsto g(x)$

Unter der Verkettung von f und g versteht man die Funktion: $f \circ g$: $x \mapsto f(g(x))$, wobei $g(x) \in D(f)$; gesprochen: "f nach g"

$f(x) = 3x^2 - 2, \quad g(x) = \sqrt{x}$

$\Rightarrow f(g(x)) = 3x - 2$

$\Rightarrow g(f(x)) = \sqrt{3x^2 - 2}$

Umkehrfunktion

Eine Funktion $y = f(x)$ heisst umkehrbar, wenn jeder Funktionswert genau einmal auftritt; d. h. wenn aus $x_1 \neq x_2$ stets $f(x_1) \neq f(x_2)$ folgt.
Bezeichnung der Umkehrfunktion von f:

f^{-1}: $y \mapsto x$. $\quad y = f(x) \Leftrightarrow x = f^{-1}(y)$

Der Graph von f^{-1} ist das Spiegelbild des Graphen von f bezüglich der Winkelhalbierenden $y = x$, falls in der Funktionsgleichung für f^{-1} die Variablen x und y vertauscht werden ($y = f^{-1}(x)$; x ist die unabhängige Variable).

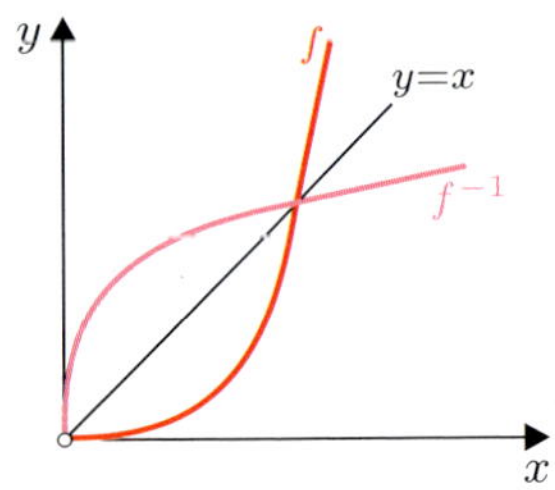

Asymptotisches Verhalten

Wenn sich der Graph von f immer mehr einer bestimmten Kurve – meistens einer Geraden – nähert, dann nennt man diese Kurve eine Asymptote a.

a) Verhalten am Rand des Definitionsbereichs: Der Graph nähert sich einer vertikalen Geraden an.

b) Verhalten für betragsmässig grosse x-Werte: Der Graph nähert sich einer horizontalen oder einer schiefen Geraden oder einer anderen Kurve an:

$|f(x) - a(x)|$ strebt gegen 0, wenn x betragsmässig sehr gross wird.

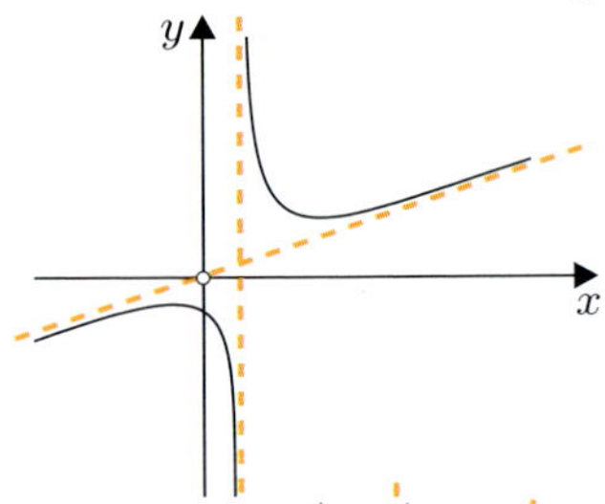

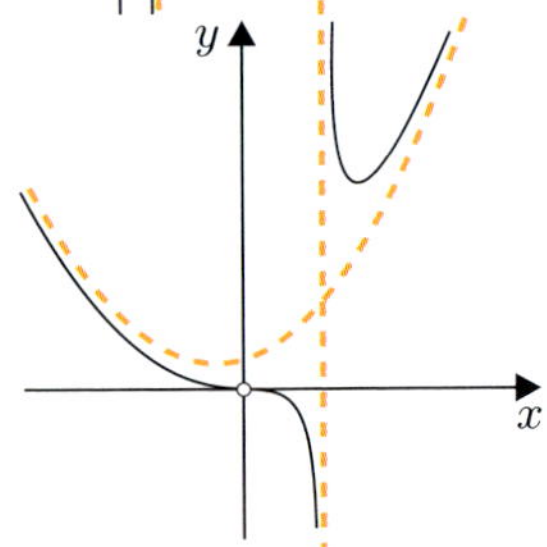

12.2 Grundfunktionen

Potenzfunktionen

$x \mapsto x^p \qquad p \in \mathbb{R}$

Potenzfunktionen mit

- geraden, positiven bzw. negativen Exponenten haben Graphen, die achsensymmetrisch zur y-Achse sind
- ungeraden, positiven bzw. negativen Exponenten haben Graphen, die punktsymmetrisch zum Ursprung sind

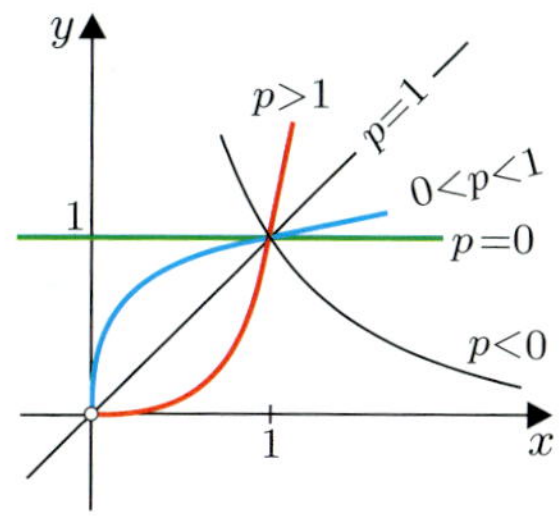

Exponentialfunktionen

$x \mapsto b^x$ mit $b > 0$, $D = \mathbb{R}$, $W = \mathbb{R}^+$

Logarithmusfunktionen

$x \mapsto \log_b x$ mit $b > 0$ und $b \neq 1$, $D = \mathbb{R}^+$, $W = \mathbb{R}$

(vgl. 16: Logarithmus)

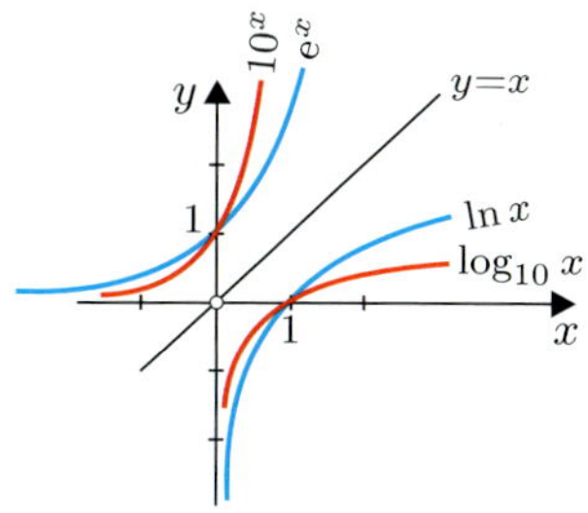

Trigonometrische Funktionen und ihre Umkehrfunktionen (Arkusfunktionen) (vgl. 27, *6.2*)

Werden die trigonometrischen Funktionen auf die angegebenen Intervalle eingeschränkt, so sind sie umkehrbar (vgl. 50: Umkehrfunktion).

sin:	$\left[-\frac{\pi}{2}, \frac{\pi}{2}\right] \to [-1, 1]$	$x \mapsto \sin x$
arc sin:	$[-1, 1] \to \left[-\frac{\pi}{2}, \frac{\pi}{2}\right]$	$x \mapsto \arcsin x$
cos:	$[0, \pi] \to [-1, 1]$	$x \mapsto \cos x$
arc cos:	$[-1, 1] \to [0, \pi]$	$x \mapsto \arccos x$
tan:	$\left]-\frac{\pi}{2}, \frac{\pi}{2}\right[\to \mathbb{R}$	$x \mapsto \tan x$
arc tan:	$\mathbb{R} \to \left]-\frac{\pi}{2}, \frac{\pi}{2}\right[$	$x \mapsto \arctan x$

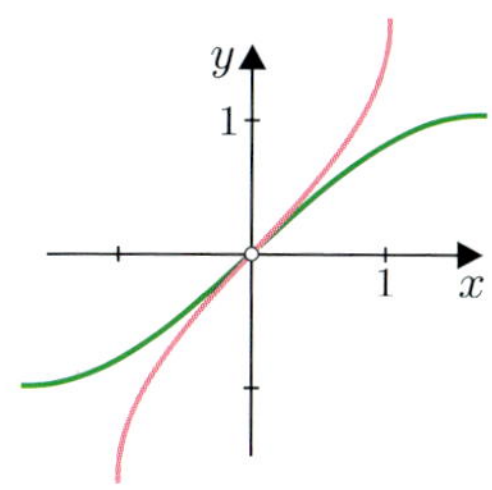

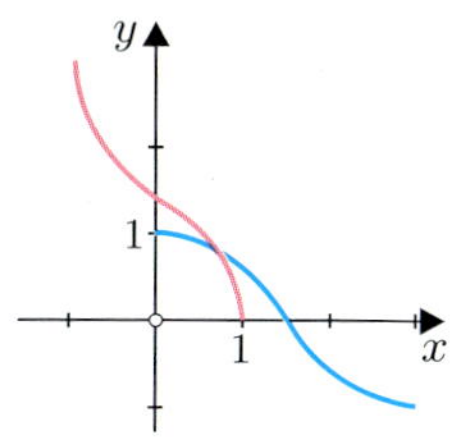

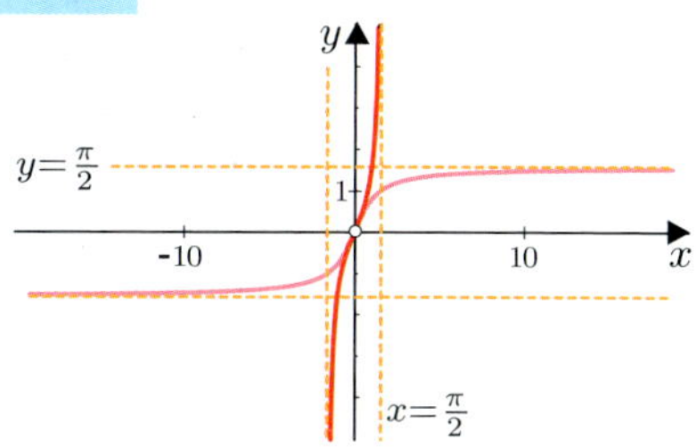

12.3 Spezielle Funktionen

Polynom-funktionen/ Ganzrationale Funktionen

$$p_n(x) = a_n x^n + a_{n-1}x^{n-1} + \ldots + a_1 x + a_0 = \sum_{k=0}^{n} a_k x^k \qquad a_k\text{: reelle Koeffizienten } (a_n \neq 0)$$

$p_3(x) = 0.1x^3 - 0.2x^2 - 2x + 3$

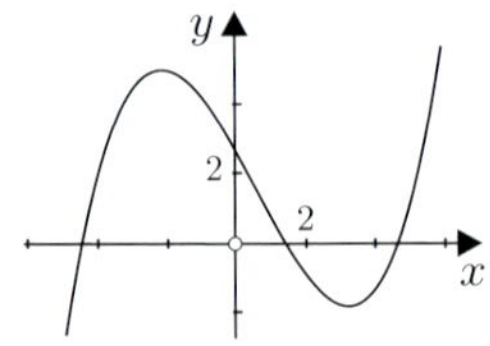

Gebrochen-rationale Funktionen

$$x \mapsto \frac{g(x)}{h(x)} \qquad g(x) \text{ und } h(x) \text{ sind ganzrationale Funktionen}$$

$$y = \frac{2x^2+3}{3x-2} = \frac{2}{3}x + \frac{4}{9} + \frac{35}{9(3x-2)}$$

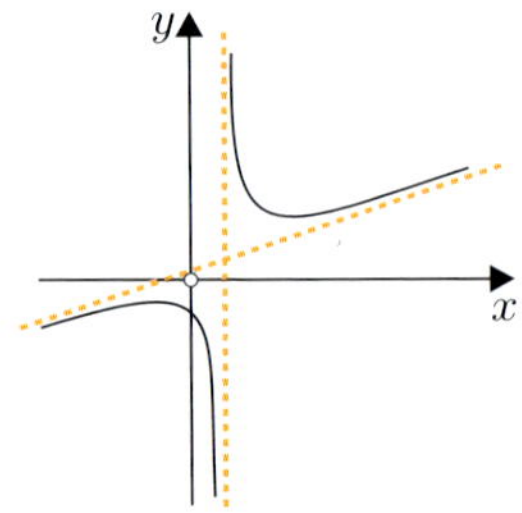

Wachstums-funktionen

G: eine Grösse, die im Laufe der Zeit wächst oder abnimmt. $c > 0$ (konstant)

$G(t)$: Grösse zur Zeit t, mit $t \geq 0$
G_0: Grösse zur Zeit $t = 0$
G_{Grenz}: Grenzwert der Grösse

Exponentielles Wachstum/ Stetiges Wachstum

$$G(t) = G_0 \cdot \mathrm{e}^{ct}$$

Begrenztes Wachstum

$$G(t) = G_0 + (G_{\text{Grenz}} - G_0)(1 - \mathrm{e}^{-ct})$$

Begrenzte Abnahme

$$G(t) = G_{\text{Grenz}} + (G_0 - G_{\text{Grenz}})\mathrm{e}^{-ct}$$

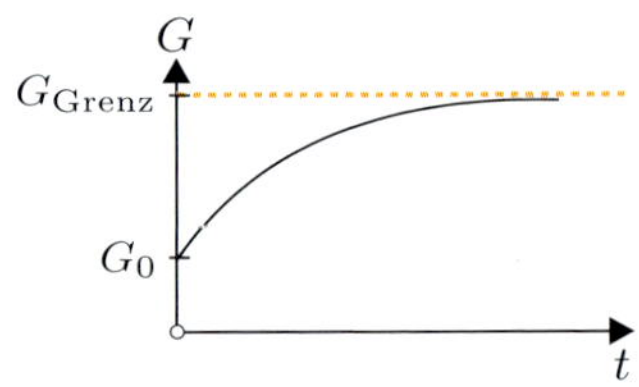

Logistisches Wachstum

$$G(t) = \frac{G_0 \cdot G_{\text{Grenz}}}{G_0 + (G_{\text{Grenz}} - G_0)\mathrm{e}^{-ct}}$$

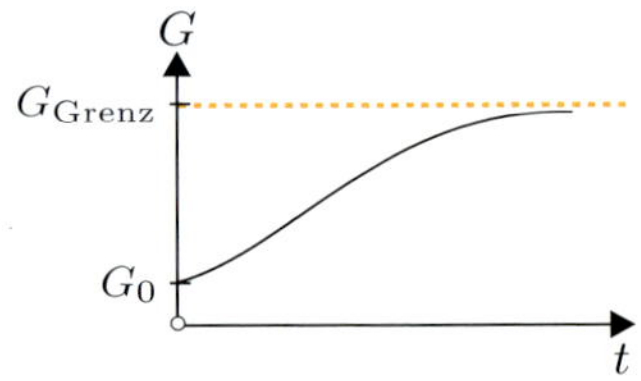

12.4 Folgen und Reihen

Endliche Folge
Endliche Reihe

$a_1, a_2, a_3, \ldots, a_n \qquad n \in \mathbb{N}$
$s_n = a_1 + a_2 + a_3 + \ldots + a_n$

Arithmetische Folge

Die Differenz zweier aufeinander folgender Glieder ist konstant. Bildungsgesetz für das allgemeine Glied a_k:

Explizit: $a_k = a_1 + (k-1)d \qquad d \neq 0$
Rekursiv: $a_{k+1} = a_k + d$

Arithmetische Reihe/Summe der ersten n Glieder

$$s_n = n\frac{a_1 + a_n}{2} = a_1 n + \frac{n(n-1)}{2}d$$

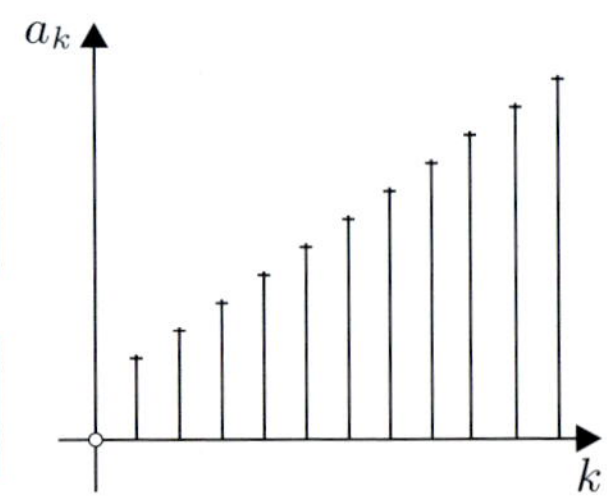

Geometrische Folge

Der Quotient zweier aufeinander folgender Glieder ist konstant. Für $q > 1$ ist die Folge wachsend, für $0 < q < 1$ fallend und für $q < 0$ oszillierend. Bildungsgesetz für das allgemeine Glied a_k:

Explizit: $a_k = a_1 \cdot q^{k-1}$ $\qquad q \neq 0,\ q \neq 1$
Rekursiv: $a_{k+1} = a_k \cdot q$

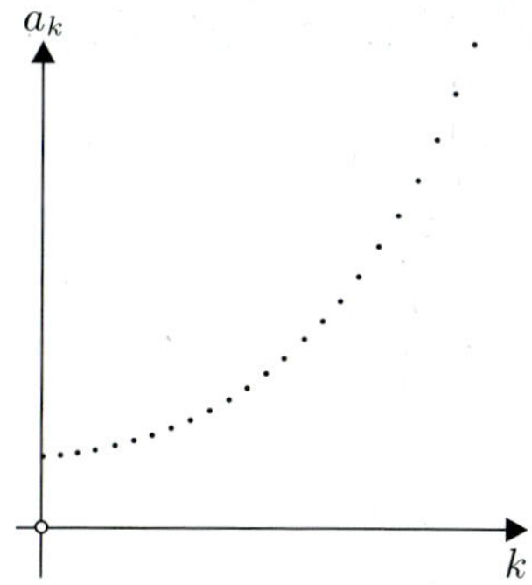

Geometrische Reihe/Summe der ersten n Glieder

$$s_n = a_1 \frac{q^n - 1}{q - 1} = a_1 \frac{1 - q^n}{1 - q}$$

Unendliche geometrische Reihe

$$s = \lim_{n \to \infty} s_n = \frac{a_1}{1 - q} \qquad \text{falls } |q| < 1$$

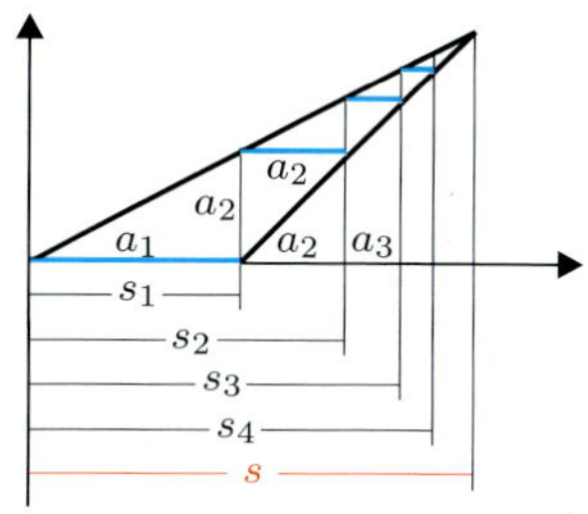

Zinseszins

$$K_n = K_0 r^n \qquad r = 1 + \frac{p}{100}$$

Regelmässige Zahlungen

$$K_n = K_0 r^n + b\,\frac{r^n - 1}{r - 1} \qquad \text{nachschüssig}$$

$$K_n = K_0 r^n + br\,\frac{r^n - 1}{r - 1} \qquad \text{vorschüssig}$$

K_0: Anfangskapital
K_n: Kapital nach n Jahren
p: Jahreszinssatz in Prozent
n: Laufzeit in Jahren
r: Aufzinsfaktor
b: Betrag der regelmässigen Zahlungen

Fibonacci-Folge

$a_{n+2} = a_n + a_{n+1}$ mit $a_1 = 1, a_2 = 1$ $\qquad 1, 1, 2, 3, 5, 8, 13, 21, 34, \ldots$

Potenzsummen

$$1 + 2 + 3 + \ldots + n = \sum_{k=1}^{n} k = \frac{1}{2} n(n+1)$$

$$1^2 + 2^2 + \ldots + n^2 = \sum_{k=1}^{n} k^2 = \frac{1}{6} n(n+1)(2n+1)$$

$$1^3 + 2^3 + \ldots + n^3 = \sum_{k=1}^{n} k^3 = \frac{1}{4} n^2 (n+1)^2 = \left(\frac{n(n+1)}{2}\right)^2$$

$$= (1 + 2 + 3 + \ldots + n)^2$$

$$1 + 3 + 5 + \ldots + (2n-1) = \sum_{k=1}^{n} (2k-1) = n^2$$

$$1^2 + 3^2 + \ldots + (2n-1)^2 = \sum_{k=1}^{n} (2k-1)^2 = \frac{n(2n-1)(2n+1)}{3}$$

12.5 Grenzwerte

Grenzwert einer Folge

a heisst Grenzwert der Folge (a_n), wenn mit wachsendem n der Betrag $|a_n - a|$ kleiner als eine beliebig vorgegebene Toleranz ε ist.

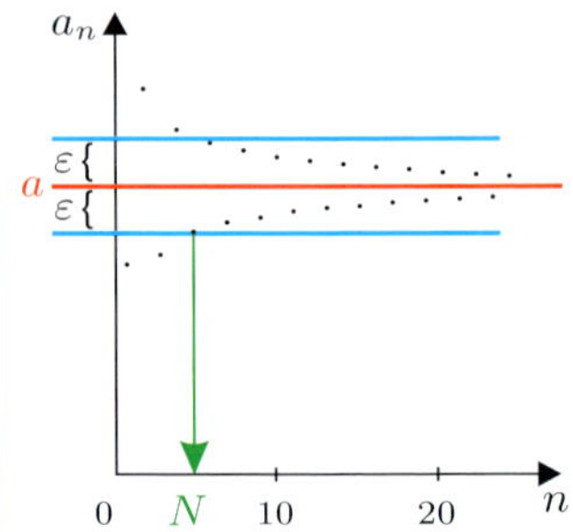

Zu jedem $\varepsilon > 0$ gibt es eine Zahl $N(\varepsilon)$, sodass für alle $n > N(\varepsilon)$ gilt: $|a_n - a| < \varepsilon$

a heisst Grenzwert der Zahlenfolge (a_n).

$$\lim_{n\to\infty} a_n = a$$

gelesen:
"limes von a_n für n gegen ∞ gleich a"

Konvergente Folge

Besitzt eine Folge einen Grenzwert, so heisst sie konvergent, anderenfalls divergent.

Rechnen mit Grenzwerten

Für $\lim\limits_{n\to\infty} a_n = a$ und für $\lim\limits_{n\to\infty} b_n = b$ gilt:

$$\lim_{n\to\infty}(a_n + b_n) = a + b \qquad \lim_{n\to\infty}(c \cdot a_n) = c \cdot a$$

$$\lim_{n\to\infty}(a_n \cdot b_n) = a \cdot b \qquad \lim_{n\to\infty}\left(\frac{a_n}{b_n}\right) = \frac{a}{b} \quad \text{wobei } b \neq 0$$

Spezielle Grenzwerte

$$\lim_{n\to\infty}\left(1+\tfrac{1}{n}\right)^n = \mathrm{e} = 2.718\ldots \qquad \text{e heisst eulersche Zahl}$$

$$\lim_{n\to\infty}\left(1+\tfrac{x}{n}\right)^n = \mathrm{e}^x \qquad x \in \mathbb{R}$$

$$\lim_{n\to\infty} a^n = 0 \quad \text{für } |a| < 1 \qquad \lim_{n\to\infty} \sqrt[n]{a} = 1 \quad \text{für } a > 0$$

Konvergente Reihe

Eine Reihe $a_1 + a_2 + \ldots + a_n + a_{n+1} + \ldots = \sum\limits_{k=1}^{\infty} a_k$ heisst konvergent, wenn die Folge der Summen $s_n = \sum\limits_{k=1}^{n} a_k$ konvergent ist, d. h. $\lim\limits_{n\to\infty} s_n = s$

Notwendige – aber nicht hinreichende – Bedingung für die Konvergenz einer Reihe ist: $\lim\limits_{n\to\infty} a_n = 0$

Divergente Reihe

Nicht konvergente Reihen heissen divergent.

Harmonische Reihe

Die harmonische Reihe divergiert nach Unendlich.

$$1 + \frac{1}{2} + \frac{1}{3} + \frac{1}{4} + \ldots + \frac{1}{n} + \frac{1}{n+1} + \ldots$$

Grenzwert einer Funktion

Der Grenzwert $\lim\limits_{x\to x_0} f(x)$ ist gleich g, falls für jede Folge (x_n) mit $\lim\limits_{n\to\infty} x_n = x_0$ und $x_n \neq x_0$ stets gilt: $\lim\limits_{n\to\infty} f(x_n) = g$

Stetigkeit einer Funktion

Eine Funktion heisst stetig an der Stelle $x_0 \in D$, wenn gilt:

$$\lim_{x\to x_0} f(x) = f(x_0)$$

Eine Funktion heisst stetige Funktion, wenn sie an jeder Stelle ihres Definitionsbereichs stetig ist.

13 Analysis

13.1 Ableitung

Die Funktion f ist im Intervall I definiert und $x_0 \in I$.

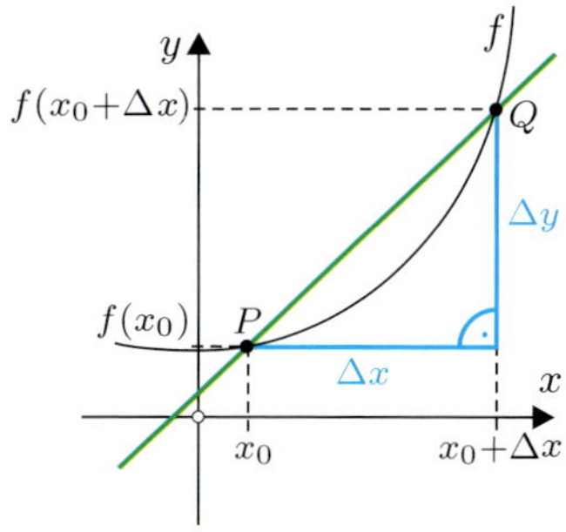

Differenzenquotient/ mittlere Änderungsrate

Die mittlere Änderungsrate der Funktion f ist der Differenzenquotient:

$$\frac{\Delta y}{\Delta x} = \frac{\Delta f}{\Delta x} := \frac{f(x_0 + \Delta x) - f(x_0)}{\Delta x}$$

Der Differenzenquotient gibt die Steigung der Sekante PQ an.

Differentialquotient/ momentane Änderungsrate

Der Differentialquotient ist der Grenzwert des Differenzenquotienten, falls Δx gegen null strebt:

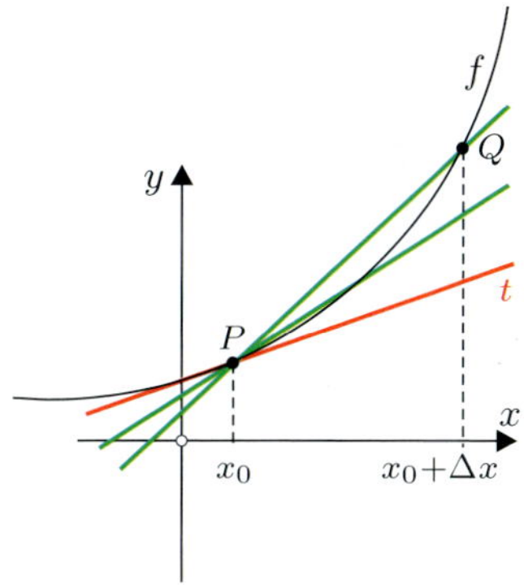

$$\left(\frac{df}{dx}\right)_{x=x_0} := \lim_{\Delta x \to 0} \frac{\Delta y}{\Delta x} = \lim_{\Delta x \to 0} \frac{f(x_0 + \Delta x) - f(x_0)}{\Delta x}$$

Der Differentialquotient gibt die Steigung der Tangente t an der Stelle x_0 an. Er drückt die momentane oder lokale Änderungsrate von f bei x_0 aus.

$\lim\limits_{\Delta x \to 0} \dfrac{f(x_0+\Delta x)-f(x_0)}{\Delta x}$ heisst auch 1. Ableitung der Funktion f an der Stelle x_0.

Andere Schreibweisen:

$$f'(x_0) := \lim_{x \to x_0} \frac{f(x) - f(x_0)}{x - x_0} = \lim_{h \to 0} \frac{f(x_0 + h) - f(x_0)}{h}$$

mit $h = \Delta x = x - x_0 \neq 0$

1. Ableitungsfunktion

Existiert für jede Stelle x aus dem Definitionsbereich die zugehörige 1. Ableitung, so erhält man die 1. Ableitungsfunktion f' (Steigungsfunktion):

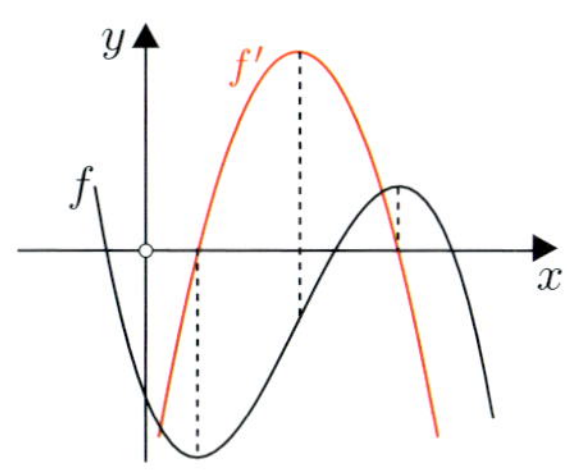

$$f'(x) := \lim_{\Delta x \to 0} \frac{f(x + \Delta x) - f(x)}{\Delta x} = \frac{dy}{dx}$$

Die Funktion f heisst dann differenzierbar im Intervall I.

Steigungen

Sekantensteigung:

$$m_s = \frac{f(x_0+\Delta x) - f(x_0)}{\Delta x} = \tan\beta = \frac{\Delta y}{\Delta x}$$

Die Tangentensteigung an der Stelle x_0 beschreibt die Steigung der Kurve an derselben Stelle:

$$m_t = f'(x_0) = \tan\alpha$$

α: Steigungswinkel der Tangente

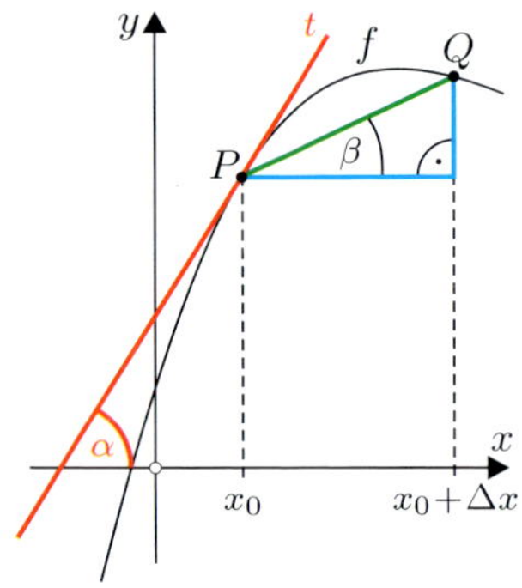

Höhere Ableitungen

Analog zur 1. Ableitungsfunktion erhält man die 2. Ableitungsfunktion von f:

$$f''(x) = \lim_{\Delta x \to 0} \frac{f'(x+\Delta x) - f'(x)}{\Delta x} = (f'(x))'$$

$$f'''(x) = (f''(x))', \ldots, f^{(n)}(x) = (f^{(n-1)}(x))'$$

$$f^{(n)}(x)$$

Ableitungsregeln

Summenregel

$$(f(x) + g(x))' = f'(x) + g'(x)$$

Die Ableitung einer konstanten Funktion ist null: $(f(x) + c)' = f'(x) \quad c \in \mathbb{R}$

Faktorregel

Ein konstanter Faktor bleibt beim Differenzieren erhalten:

$$(c \cdot f(x))' = c \cdot f'(x)$$

Produktregel

$$(f(x) \cdot g(x))' = f'(x) \cdot g(x) + f(x) \cdot g'(x)$$

Quotientenregel

$$\left(\frac{f(x)}{g(x)}\right)' = \frac{f'(x) \cdot g(x) - f(x) \cdot g'(x)}{g^2(x)} \qquad (g(x) \neq 0)$$

$$\left(\frac{f}{g}\right)'$$

Kettenregel
(vgl. 50: Verkettung)

$$(f(g(x)))' = f'(g(x)) \cdot g'(x)$$

g heisst innere, f heisst äussere Funktion.

Andere Schreibweisen:

$(f \circ g)' = (f' \circ g)g'$ oder mit der verketteten Funktion $k = f \circ g$:

$k(x) = f(u)$ mit $u = g(x)$

$\Rightarrow k'(x) = f'(u) \cdot g'(x)$ oder $\dfrac{dy}{dx} = \dfrac{dy}{du} \cdot \dfrac{du}{dx}$

"äussere Ableitung
mal
innere Ableitung"

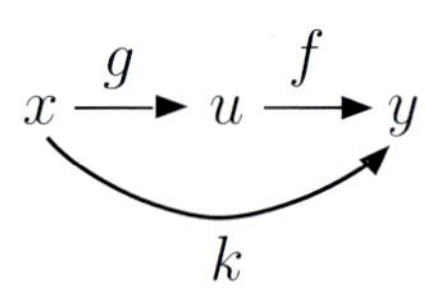

Kurvendiskussion

Mit Hilfe des Definitionsbereichs D, des Verhaltens an den Rändern von D (evtl. Polstellen, asymptotisches Verhalten), der Beachtung einer allfälligen Symmetrie (Punkt- oder Achsensymmetrie) und durch das Berechnen von Nullstellen erhält man einen groben Überblick über den Verlauf der Kurve mit der Gleichung $y = f(x)$ (vgl. 50, *12.1*).

Mittels Ableitungen lässt sich das Bild der Kurve noch genauer fassen. Im Folgenden wird angenommen, dass die Funktion f hinreichend oft im Intervall $I =]a, b[$ differenzierbar ist.

Steigen bzw. Fallen

$f'(x) > 0$ in $I \Rightarrow f$ ist monoton wachsend in I. $f'(x) < 0$ in $I \Rightarrow f$ ist monoton fallend in I.

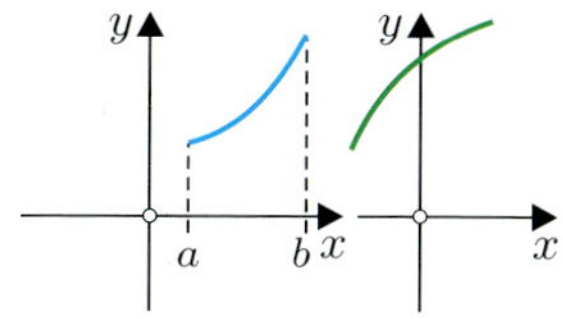

Krümmungsverhalten

$f''(x) > 0$ in $I \Rightarrow$ Die Kurve ist in I linksgekrümmt (konvex).
$f''(x) < 0$ in $I \Rightarrow$ Die Kurve ist in I rechtsgekrümmt (konkav).

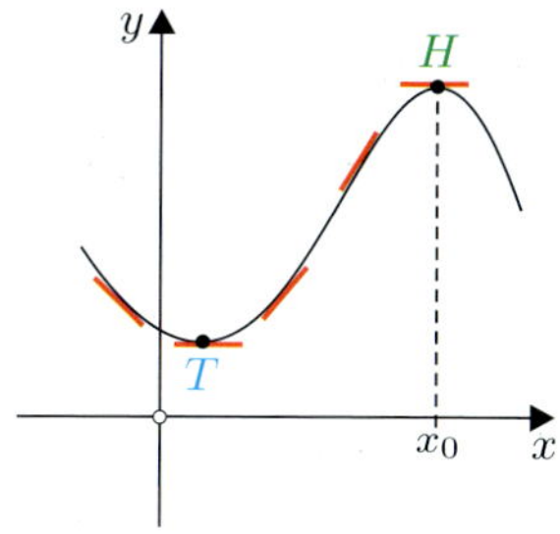

Lokales Extremum

Hinreichende Bedingungen sind:
$f'(x_0) = 0 \wedge f''(x_0) < 0 \Rightarrow f$ hat bei x_0 ein lokales Maximum. Die Kurve hat in $H(x_0 \,|\, f(x_0))$ einen Hochpunkt.
$f'(x_0) = 0 \wedge f''(x_0) > 0 \Rightarrow f$ hat bei x_0 ein lokales Minimum. Die Kurve hat in $T(x_0 \,|\, f(x_0))$ einen Tiefpunkt.

Wendepunkt

In einem Wendepunkt ändert das Krümmungsverhalten von “links” nach “rechts” oder umgekehrt. In einem Wendepunkt ist die Steigung der Wendetangente t extremal.

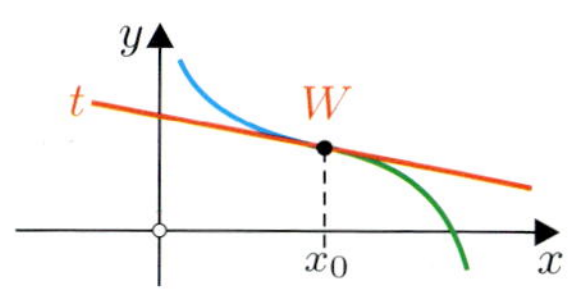

Hinreichende Bedingung ist:
$f''(x_0) = 0 \wedge f'''(x_0) \neq 0$
$\Rightarrow$ Die Kurve hat bei x_0 einen Wendepunkt W.

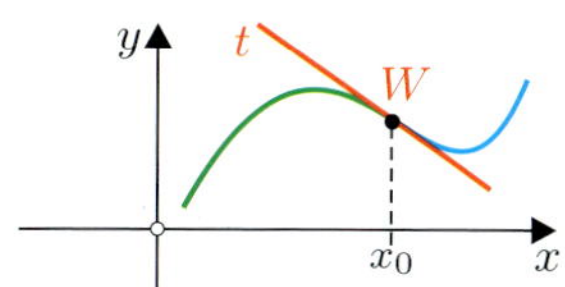

Sattelpunkt/
Terrassenpunkt

Ein Sattelpunkt ist ein Wendepunkt mit horizontaler Wendetangente.

Hinreichende Bedingung ist:
$f'(x_0) = f''(x_0) = 0 \wedge f'''(x_0) \neq 0 \Rightarrow$ Die Kurve hat bei x_0 einen Sattelpunkt S.

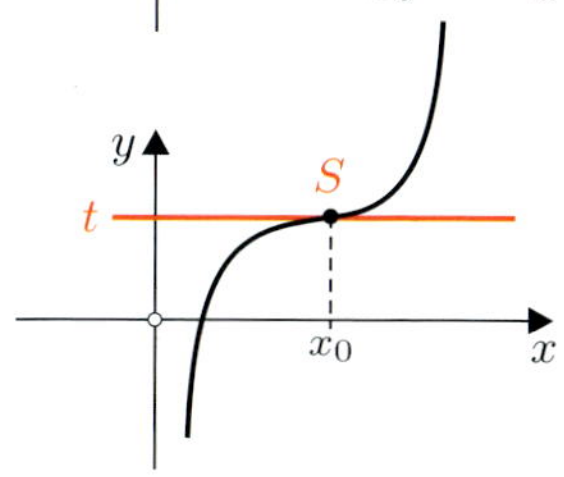

13.2 Bestimmtes Integral

Voraussetzungen

1) Die Funktion f ist im Intervall $[a,b]$ stetig und monoton wachsend bzw. monoton fallend. (vgl. 50: Monotonie; vgl. 54: Stetigkeit einer Funktion)
2) Das Intervall $[a,b]$ wird fortgesetzt halbiert: $\Delta x = \dfrac{b-a}{n}$ mit $n = 2^i$.

Untersummen und Obersummen

n-te Untersumme:
$U_n = (f(x_0) + f(x_1) + \ldots + f(x_{n-1}))\Delta x$

n-te Obersumme:
$O_n = (f(x_1) + f(x_2) + \ldots + f(x_n))\Delta x$

Die Folgen (U_n) und (O_n) sind unter diesen Voraussetzungen monoton wachsend bzw. monoton fallend, und $(O_n - U_n)$ ist eine Folge mit dem Grenzwert null.

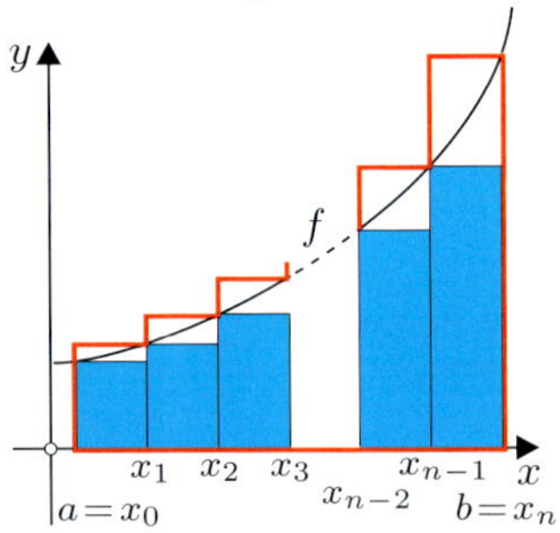

Bestimmtes Integral

Falls die Streifenbreite Δx gegen null strebt, ist der gemeinsame Grenzwert der Unter- und Obersummen das bestimmte Integral der Funktion f von a bis b:

$$\int_a^b f(x)dx := \lim_{n\to\infty} U_n = \lim_{n\to\infty} O_n$$

$f(x)$ heisst Integrand, a und b heissen untere bzw. obere (Integrations-)Grenze.

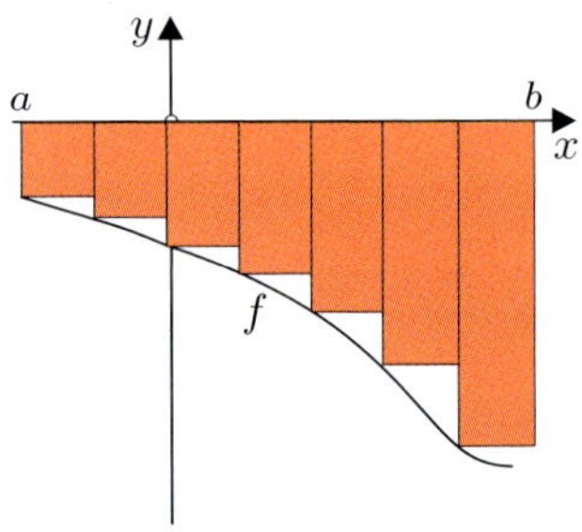

Riemannsche Summe (für stetige Funktionen)

f ist stetig im Intervall $[a,b]$. $[a,b]$ wird in n beliebige Teilintervalle mit den Längen Δx_k und den zugehörigen Zwischenpunkten $x_1, x_2, \ldots, x_n$ unterteilt.

Falls bei jeder Unterteilung die Länge des grössten dieser Teilintervalle mit wachsendem n gegen null strebt, kann man definieren:

$$\int_a^b f(x)dx := \lim_{n\to\infty} \sum_{k=1}^{n} f(x_k)\cdot \Delta x_k$$

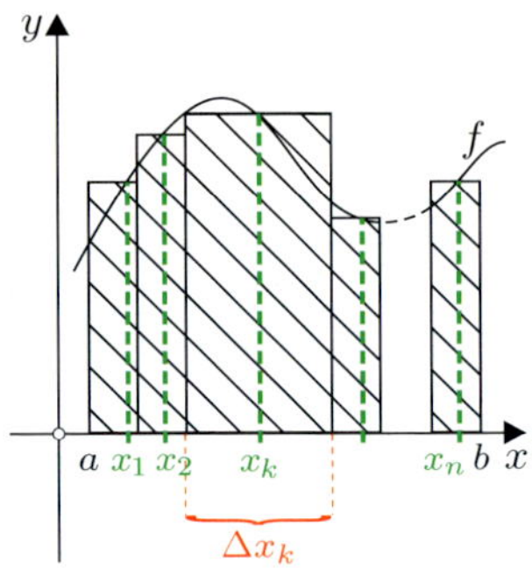

Die (bestimmte) Integration wird in zwei Rechenprozessen durchgeführt: zuerst summieren und dann den Grenzwert bilden.

Eigenschaften des bestimmten Integrals

$$\int_b^a f(x)dx = -\int_a^b f(x)dx \qquad \int_a^a f(x)dx = 0$$

$$\int_a^b f(x)dx + \int_b^c f(x)dx = \int_a^c f(x)dx \qquad (a,b,c \in \mathbb{R})$$

13.3 Hauptsatz der Differential- und Integralrechnung

Integralfunktion

Wird die obere Integrationsgrenze als variabel betrachtet, so wird das Integral eine Funktion der oberen Grenze.

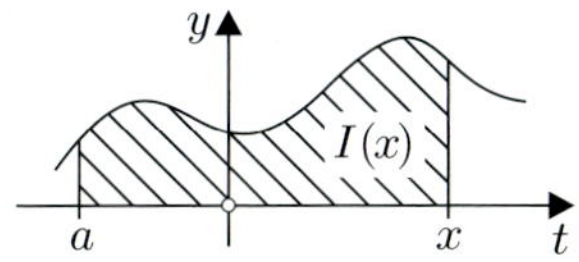

Diese heisst Integralfunktion I zur Funktion f: $I(x) := \int_a^x f(t)dt$

Hauptsatz

Jede Integralfunktion einer stetigen Funktion f ist differenzierbar. Die Ableitung ist gleich dem Wert des Integranden an der oberen Grenze: $I'(x) = f(x)$. Das heisst, Integrieren und Differenzieren sind Umkehroperationen.

Stammfunktion

F heisst Stammfunktion zur Funktion f, falls $F'(x) = f(x)$. Zwei Stammfunktionen F und G von f unterscheiden sich nur durch eine Konstante: $F(x) = G(x) + C$ $(C \in \mathbb{R})$. Jede Integralfunktion I von f ist auch eine Stammfunktion von f.

Unbestimmtes Integral

Die Menge aller Stammfunktionen zur Funktion f heisst das unbestimmte Integral von f, geschrieben:

$$\int f(x)dx = F(x) + C$$

$C \in \mathbb{R}$ heisst Integrationskonstante

Bestimmtes Integral und Stammfunktion

Das bestimmte Integral der Funktion f von a bis b wird berechnet, indem man irgendeine Stammfunktion F zu f bestimmt und dann die Differenz $F(b) - F(a)$ berechnet:

$$\int_a^b f(x)dx = \Big[F(x)\Big]_a^b = F(b) - F(a)$$

Integrationsregeln für bestimmte Integrale (gelten auch für unbestimmte Integrale)

Summe bzw. Differenz

$$\int_a^b (f(x) \pm g(x))dx = \int_a^b f(x)dx \pm \int_a^b g(x)dx$$

Konstanter Faktor

$$\int_a^b c \cdot f(x)dx = c \cdot \int_a^b f(x)dx \qquad (c \in \mathbb{R})$$

Partielle Integration

$$\int_a^b f'(x) \cdot g(x)dx = \Big[f(x) \cdot g(x)\Big]_a^b - \int_a^b f(x) \cdot g'(x)dx$$

Substitution

$$\int_a^b f(u(x)) \cdot u'(x)dx = \int_{u(a)}^{u(b)} f(z)dz \qquad \text{mit } u(x) = z$$

speziell:

Logarithmische Integration $\displaystyle\int_a^b \frac{f'(x)}{f(x)}dx = \Big[\ln|f(x)|\Big]_a^b$

13.4 Ableitungen und unbestimmte Integrale spezieller Funktionen

1. Ableitung $\xleftarrow[\text{integrieren}]{\text{differenzieren}}$ Ausgangsfunktion $\xrightarrow[\text{differenzieren}]{\text{integrieren}}$ Stammfunktion

Die Integrationskonstante C ist weggelassen.

$f'(x)$	$f(x)$	$\int f(x)dx$
0	$c \quad c \in \mathbb{R}$	cx
c	cx	$\frac{c}{2}x^2$
$r \cdot x^{r-1}$	$x^r \quad r \in \mathbb{R} \setminus \{-1\}$	$\frac{x^{r+1}}{r+1}$
$-\frac{1}{x^2} = -x^{-2}$	$\frac{1}{x} = x^{-1}$	$\ln\lvert x\rvert$
$\frac{1}{2\sqrt{x}} = \frac{1}{2}x^{-\frac{1}{2}}$	$\sqrt{x} = x^{\frac{1}{2}}$	$\frac{2}{3}x^{\frac{3}{2}}$
$\cos x$	$\sin x$	$-\cos x$
$-\sin x$	$\cos x$	$\sin x$
$1 + \tan^2 x = \frac{1}{\cos^2 x}$	$\tan x$	$-\ln\lvert\cos x\rvert$
e^x	e^x	e^x
$c \cdot \mathrm{e}^{cx}$	e^{cx}	$\frac{1}{c} \cdot \mathrm{e}^{cx}$
$\ln a \cdot a^x$	a^x	$\frac{a^x}{\ln a}$
$\frac{1}{x}$	$\ln\lvert x\rvert$	$x(\ln\lvert x\rvert - 1)$
$\frac{1}{\ln a \cdot x}$	$\log_a\lvert x\rvert$	$\frac{x}{\ln a}(\ln\lvert x\rvert - 1) = x(\log_a\lvert x\rvert - \log_a \mathrm{e})$
$\frac{1}{\sqrt{1-x^2}}$	$\arcsin x$	$x \cdot \arcsin x + \sqrt{1-x^2}$
$-\frac{1}{\sqrt{1-x^2}}$	$\arccos x$	$x \cdot \arccos x - \sqrt{1-x^2}$
$\frac{1}{1+x^2}$	$\arctan x$	$x \cdot \arctan x - \frac{1}{2}\ln(1+x^2)$

13.5 Anwendungen der Differential- und Integralrechnung

Voraussetzung

Die Funktion f ist im Intervall $[a, b]$ stetig.

Flächeninhalt

Ist $f(x) \geq 0$ für alle $x \in [a, b]$, so gilt:

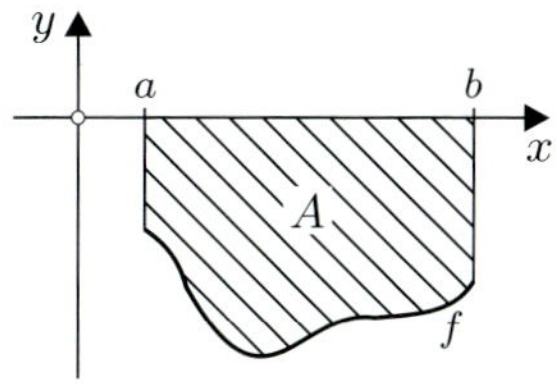

$$A = \int_a^b f(x)dx$$

ist gleich dem Flächeninhalt zwischen dem Graphen von f, der x-Achse und den Geraden $x = a$ bzw. $x = b$. Ist $f(x) \leq 0$ für alle $x \in [a, b]$, so gilt:

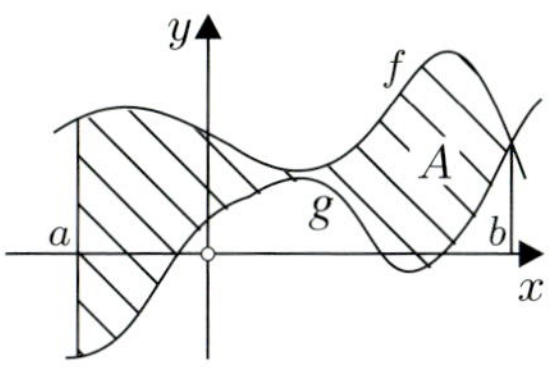

$$A = \left|\int_a^b f(x)dx\right|$$

Für den Flächeninhalt zwischen den Graphen von f und g mit $f(x) \geq g(x)$ für alle $x \in [a, b]$ gilt:

$$A = \int_a^b (f(x) - g(x))dx$$

Rotationsvolumen

Wird das zwischen dem Graphen von f, der x-Achse sowie den beiden Geraden $x = a$ und $x = b$ liegende Flächenstück um die x-Achse gedreht, so entsteht ein Rotationskörper mit dem Volumen:

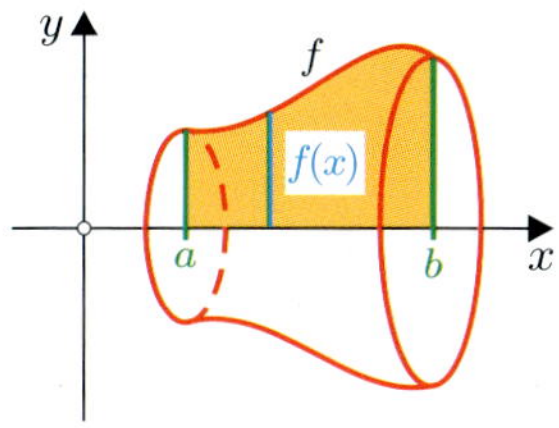

$$V = \pi \cdot \int_a^b (f(x))^2 dx$$

Mittelwertsatz der Integralrechnung

Es gibt ein $c \in \mathbb{R}$ mit $a \leq c \leq b$ so, dass

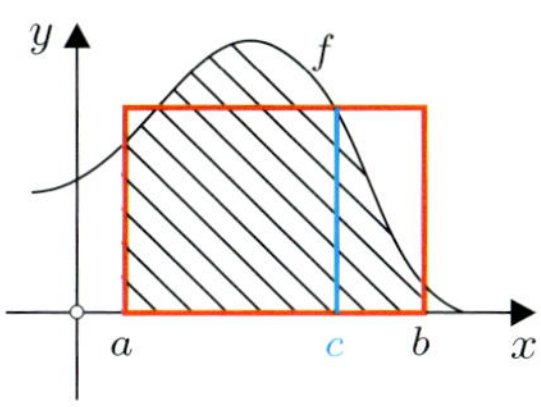

$$\int_a^b f(x)dx = (b - a) \cdot f(c)$$

$f(c)$ ist der Mittelwert der Funktion f im Intervall $[a, b]$.

Bewegungsprobleme (vgl. 81: Geradlinige Bewegung)

Aus der Weg-Zeit-Funktion s findet man durch Differenzieren die Geschwindigkeitsfunktion $\dot{s}$ und die Beschleunigungsfunktion $\ddot{s}$:

$$s(t) = \frac{1}{2}at^2 + v_0 t + s_0$$

$$v(t) = \dot{s}(t) = at + v_0 \qquad a(t) = \ddot{s}(t) = a$$

$$v(t) = \frac{ds(t)}{dt} = \dot{s}(t)$$

Umgekehrt findet man durch Integrieren der Beschleunigung die Geschwindigkeits-Zeit- bzw. die Weg-Zeit-Funktion.

13.6 Potenzreihenentwicklung für spezielle Funktionen

Taylor-Entwicklung

$$f(x) = f(x_0) + \frac{f'(x_0)}{1!}(x-x_0) + \frac{f''(x_0)}{2!}(x-x_0)^2 + \ldots + \frac{f^{(n)}(x_0)}{n!}(x-x_0)^n + R_n$$

R_n heisst Restglied und kann so abgeschätzt werden (nach Lagrange)

$$R_n = \frac{(x-x_0)^{n+1}}{(n+1)!}\, f^{(n+1)}(x_0 + \vartheta(x-x_0)) \quad \text{mit } 0 < \vartheta < 1$$

MacLaurin-Entwicklung

Wird die Reihe an der Stelle $x_0 = 0$ entwickelt, so nennt man sie MacLaurin-Reihe:

$$f(x) = f(0) + \frac{f'(0)}{1!}x + \frac{f''(0)}{2!}x^2 + \ldots + \frac{f^{(n)}(0)}{n!}\,x^n + R_n$$

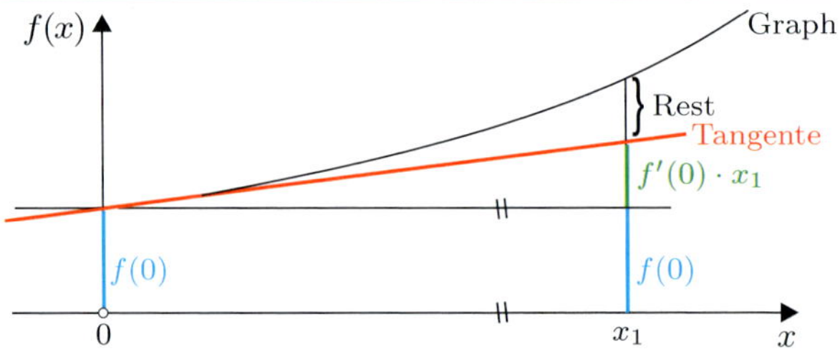

$f(x_1) \approx f(0) + f'(0) \cdot x_1$

Spezielle Potenzreihen

$$\frac{1}{1 \pm x} = 1 \mp x + x^2 \mp x^3 + \ldots \quad \text{mit } |x| < 1$$

$$\sin x = \frac{x}{1!} - \frac{x^3}{3!} + \frac{x^5}{5!} - \ldots \quad \text{mit } x \in \mathbb{R}$$

$$\cos x = 1 - \frac{x^2}{2!} + \frac{x^4}{4!} - \frac{x^6}{6!} + \ldots \quad \text{mit } x \in \mathbb{R}$$

$$\mathrm{e}^x = 1 + \frac{x}{1!} + \frac{x^2}{2!} + \frac{x^3}{3!} + \ldots \quad \text{mit } x \in \mathbb{R}$$

$$\begin{aligned}\mathrm{e}^{\mathrm{i}x} &= 1 + \frac{\mathrm{i}x}{1!} - \frac{x^2}{2!} - \frac{\mathrm{i}x^3}{3!} + \frac{x^4}{4!} + \frac{\mathrm{i}x^5}{5!} - \ldots \\ &= 1 - \frac{x^2}{2!} + \frac{x^4}{4!} - \frac{x^6}{6!} + \ldots \\ &\qquad + \mathrm{i}\left(\frac{x}{1!} - \frac{x^3}{3!} + \frac{x^5}{5!} - \ldots\right) \\ &= \cos x + \mathrm{i}\sin x\end{aligned}$$

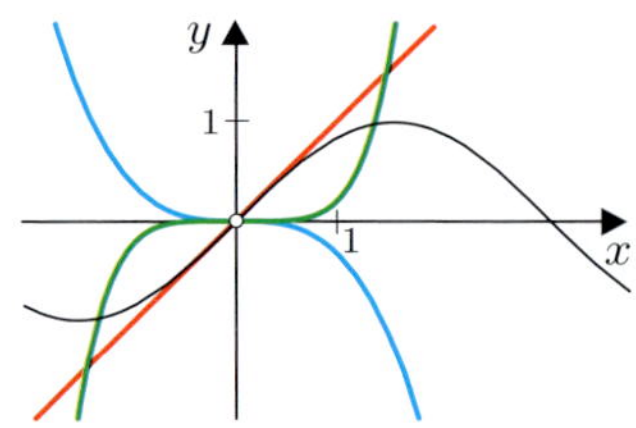

Entwicklung für Sinus

Lineare Approximation

Eine Funktion wird oft durch eine Potenzreihe ersetzt, die nach ein paar Gliedern bereits abgebrochen wird, weil die Summe der verbleibenden Glieder vernachlässigbar klein ist. Bricht man nach dem linearen Glied ab, so spricht man von Linearisieren. Man "rechnet" somit auf der Tangente statt auf dem Graphen. So gilt z. B. für kleine x-Werte:

$$(1+x)^2 \approx 1 + 2x \qquad (1+x)^3 \approx 1 + 3x \qquad \sqrt{1+x} \approx 1 + \frac{1}{2}x$$

$$\frac{1}{1 \pm x} \approx 1 \mp x \qquad \sin x \approx x \qquad \mathrm{e}^x \approx 1 + x$$

14 Stochastik

14.1 Regression und Korrelation

Regressionsgerade/ Ausgleichsgerade

Die zu den n Messpunkten $P_1(x_1|y_1)$, $P_2(x_2|y_2), \ldots, P_n(x_n|y_n)$ gehörende Regressionsgerade g: $y = mx+q$ hat folgende Eigenschaften:

1) g verläuft durch den Schwerpunkt $S(\overline{x}|\overline{y})$ der zu den n Punkten gehörenden Punktwolke.
   $\overline{x} = \frac{1}{n}(x_1 + x_2 + \ldots + x_n)$
   $\overline{y} = \frac{1}{n}(y_1 + y_2 + \ldots + y_n)$
2) Die Summe der Quadrate der vertikalen Abweichungen $v_i = y_i - (mx_i + q)$ der Messpunkte zu g ist minimal.

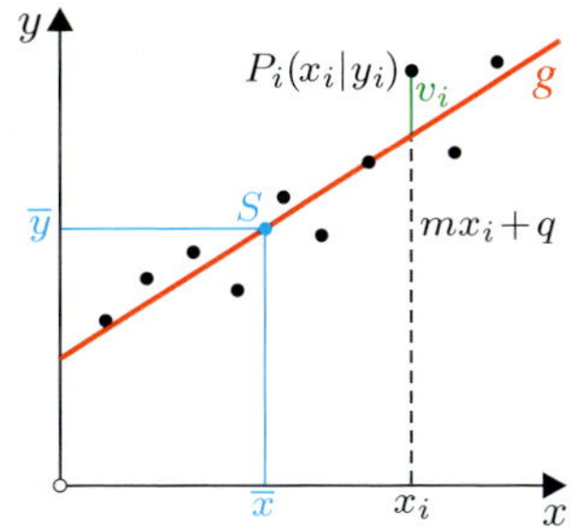

Für die Steigung m von g gilt:

$$m = \frac{\sum_{i=1}^{n}(x_i-\overline{x})(y_i-\overline{y})}{\sum_{i=1}^{n}(x_i-\overline{x})^2} = \frac{\sum_{i=1}^{n} x_i y_i - n\bar{x}\,\bar{y}}{\sum_{i=1}^{n} x_i^2 - n\overline{x}^2}$$

Für den y-Achsenabschnitt q von g gilt:

$$q = \frac{\sum_{i=1}^{n} x_i^2 \cdot \overline{y} - \overline{x} \cdot \sum_{i=1}^{n} x_i y_i}{\sum_{i=1}^{n} x_i^2 - n\overline{x}^2} = \overline{y} - m \cdot \overline{x}$$

Korrelationskoeffizient

Der Korrelationskoeffizient

$$r_{xy} = \frac{\sum_{i=1}^{n} x_i y_i - n\bar{x}\,\bar{y}}{\sqrt{\sum_{i=1}^{n} x_i^2 - n\overline{x}^2}\sqrt{\sum_{i=1}^{n} y_i^2 - n\overline{y}^2}}$$

ist ein Mass für den linearen Zusammenhang zwischen den Variablen x und y.

Es gilt: $-1 \leq r_{xy} \leq 1$

Falls $|r_{xy}| = 1$, dann liegen die n Messpunkte exakt auf der Regressionsgeraden.

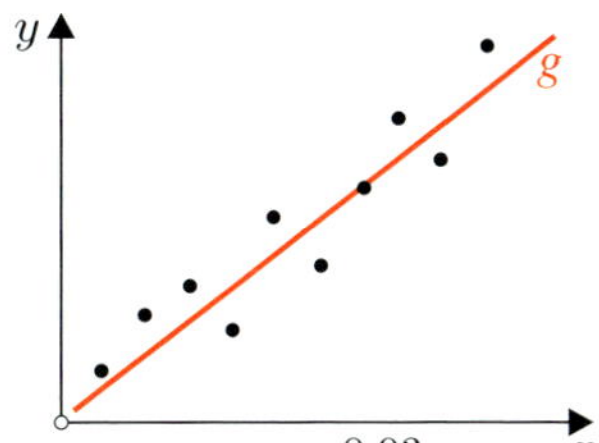

$r_{xy} = 0.93$

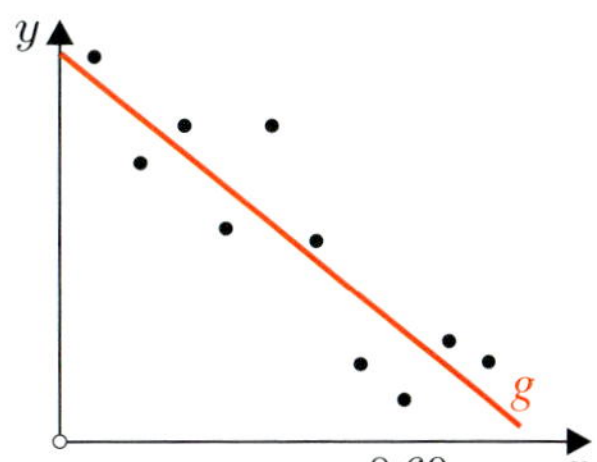

$r_{xy} = -0.69$

14.2 Zufallsgrösse

Zufallsgrösse/ Zufallsvariable

Eine Funktion X, die jedem Ergebnis ω_i eines Zufallsexperimentes eine reelle Zahl $X(\omega_i)$ zuordnet, heisst Zufallsgrösse.

$$X\colon \Omega \rightarrow R$$
$$\omega_i \mapsto X(\omega_i)$$

Eine Zufallsgrösse ist eine Funktion, die ihre Werte zufällig annimmt. Diese werden mit x_i bezeichnet.

$X = x_i$ bezeichnet das Ereignis, das alle Ergebnisse ω enthält, für die gilt:

$X(\omega) = x_i$

Jasskartenspiel

ω_i	$\mapsto X(\omega_i)$
sechs	$\mapsto 0$
sieben	$\mapsto 0$
acht	$\mapsto 0$
neun	$\mapsto 0$
zehn	$\mapsto 10$
Under	$\mapsto 2$
Ober	$\mapsto 3$
König	$\mapsto 4$
As	$\mapsto 11$

Diskrete Zufallsgrösse

X heisst diskrete Zufallsgrösse, wenn X nur endlich viele Werte $x_1, x_2, \ldots, x_n$ annimmt.

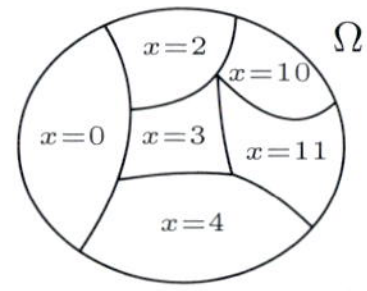

Verteilung/Wahrscheinlichkeitsverteilung einer Zufallsgrösse

Die Verteilung einer Zufallsgrösse X ist die Menge aller geordneten Paare $(x_i, P(X{=}x_i))$.

X	x_1	x_2	x_3	$\ldots$	x_n
$P(X = x_i)$	p_1	p_2	p_3	$\ldots$	p_n

Wahrscheinlichkeitsfunktion einer Zufallsgrösse (vgl. 38)

Die Funktion, die jedem Wert $x_i\,(i{=}1,2,\ldots,n)$ der Zufallsgrösse X die Wahrscheinlichkeit $p_i{=}P(X{=}x_i)$ zuordnet, heisst Wahrscheinlichkeitsfunktion von X bzw. Wahrscheinlichkeitsverteilung von X.

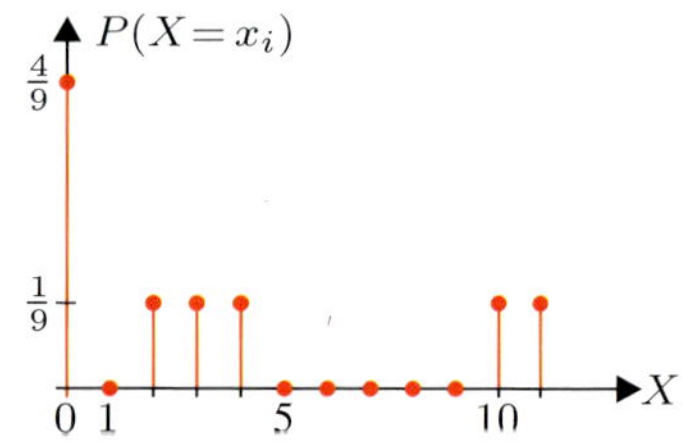

Erwartungswert, Varianz und Standardabweichung einer diskreten Zufallsgrösse *X*

Erwartungswert einer Zufallsgrösse

Der Erwartungswert einer Zufallsgrösse ist der mittlere Wert der Zufallsgrösse pro Zufallsexperiment auf lange Sicht.

$$E(X) = \sum_{i=1}^{n} x_i P(X{=}x_i) = \sum_{i=1}^{n} x_i p_i = \mu$$

Varianz einer Zufallsgrösse

$$\operatorname{Var}(X) = \sum_{i=1}^{n} (x_i - \mu)^2 P(X = x_i) = \sum_{i=1}^{n} (x_i - \mu)^2 p_i = \sigma^2$$

Standardabweichung einer Zufallsgrösse

$$\sigma = \sqrt{\operatorname{Var}(X)}$$

14.3 Diskrete Verteilungen

Gleichverteilung

Eine diskrete Zufallsgrösse X heisst gleichverteilt, wenn sie die Werte $x_1, x_2, x_3, \ldots, x_n$ mit gleicher Wahrscheinlichkeit annimmt:

$P(X = x_k) = \frac{1}{n}$ und
$P(X = x) = 0$ falls x verschieden ist von $x_1, x_2, x_3, \ldots, x_n$

Für den Spezialfall

$$x_1 = 1,\ x_2 = 2,\ x_3 = 3, \ldots,\ x_n = n$$

gilt: $\mu = \dfrac{n+1}{2} \qquad \sigma^2 = \dfrac{n^2-1}{12}$

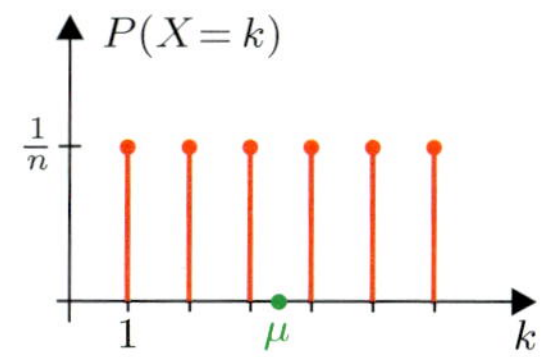

Bernoulli-Versuch

Ein Zufallsexperiment mit genau zwei Ergebnissen heisst Bernoulli-Experiment.

Ergebnisraum $\Omega = \{0, 1\}$
0: Niete (Misserfolg)
1: Treffer (Erfolg)
$p := P(\{1\})$ Trefferwahrscheinlichkeit
$q := P(\{0\}) = 1 - p$

Formel von Bernoulli

Ein Bernoulli-Experiment mit Trefferwahrscheinlichkeit p wird n-mal durchgeführt, wobei die einzelnen Wiederholungen unabhängig voneinander sind, d. h., das Ergebnis eines einzelnen Bernoulli-Versuchs hängt nicht davon ab, wie die vorangegangenen Bernoulli-Versuche ausgegangen sind. Die Zufallsgrösse X gibt die Anzahl der Treffer an.

Dann beträgt die Wahrscheinlichkeit für k Treffer mit $k \in \{0, 1, \ldots, n\}$

$$P(X = k) = \binom{n}{k} p^k (1-p)^{n-k}$$

Binomialverteilung

Die Menge der geordneten Paare

$$\left(k, \binom{n}{k} p^k (1-p)^{n-k}\right), \qquad k \in \{0, 1, \ldots, n\}$$

heisst Binomialverteilung der Zufallsgrösse X mit den Parametern n und p.

Es gilt:

$$\mu = np \qquad \sigma^2 = np(1-p)$$

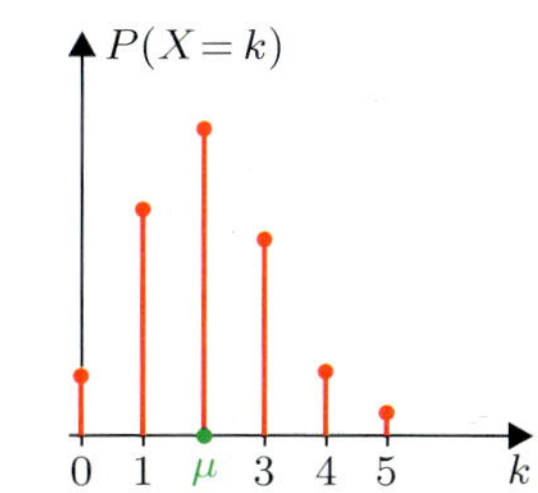

14.4 Beurteilende Statistik

Grundgesamtheit Die Menge aller Objekte, die hinsichtlich eines gewissen Merkmals (oder mehrerer Merkmale gleichzeitig) untersucht werden, heisst Grundgesamtheit.

Stichprobe Eine Teilmenge der Grundgesamtheit, die Aufschluss geben soll über die Grundgesamtheit, heisst Stichprobe. Sie ist eine Zufallsauswahl aus der Grundgesamtheit.

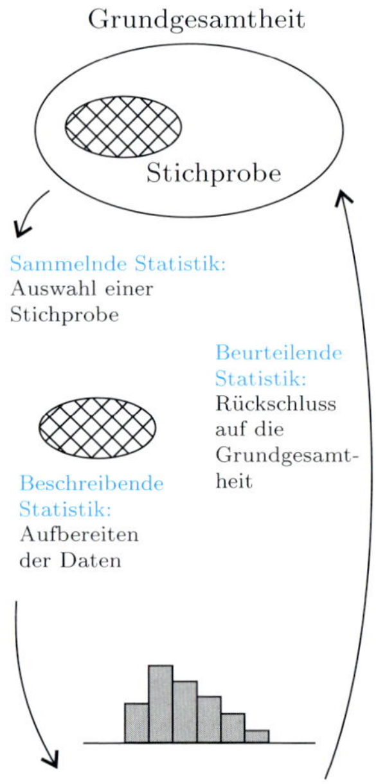

Test einer Hypothese für eine Wahrscheinlichkeit

Gegeben n Stichprobenwerte zu einem Bernoulli-Experiment. p_0 ein hypothetischer Wert für die Trefferwahrscheinlichkeit p des Bernoulli-Experimentes.

Nullhypothese Unter der Nullhypothese H_0 verstehen wir das zu prüfende Modell $p = p_0$

Gegenhypothese/ Alternative
a) $p > p_0$ einseitiger Test (rechtsseitig)
b) $p < p_0$ einseitiger Test (linksseitig)
c) $p \neq p_0$ zweiseitiger Test

Testgrösse Anzahl X der Treffer unter den Stichprobenwerten

Entscheidungsregel Die Nullhypothese H_0 wird verworfen, falls X im Verwerfungsbereich V zum Signifikanzniveau α liegt.
α heisst auch Irrtumswahrscheinlichkeit.

$\alpha = 0.1\,\%$
$\alpha = 1\,\%$
$\alpha = 5\,\%$

Verwerfungsbereich für den Test (vgl. 77, *18*)

a) Bestimme c so, dass

$$P(X \geq c) = \sum_{i=c}^{n} \binom{n}{i} p_0^i (1-p_0)^{n-i} \leq\ast \alpha$$

($\leq\ast$: kleiner oder gleich, aber möglichst genau gleich)

$V := \{x | x \geq c\}$

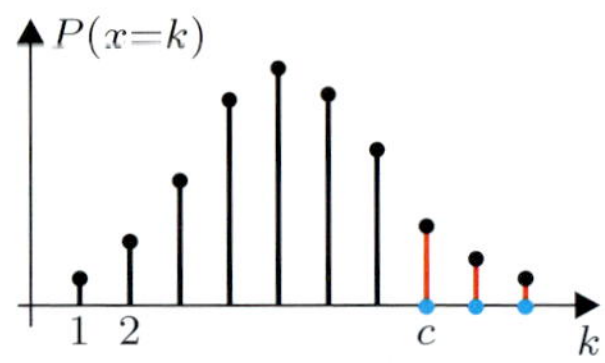

b) Bestimme c so, dass

$$P(X \leq c) = \sum_{i=0}^{c} \binom{n}{i} p_0^i (1-p_0)^{n-i} \leq\ast \alpha$$

$V := \{x | x \leq c\}$

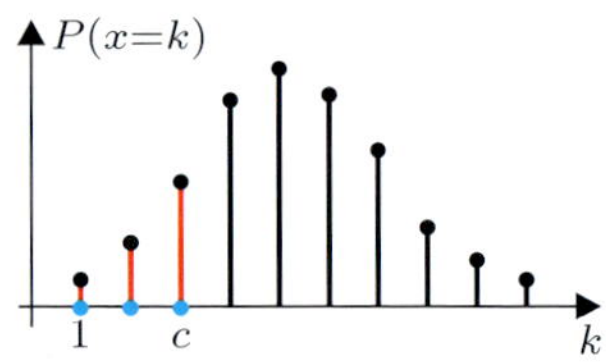

c) Bestimme c_1 so, dass

$$P(X \leq c_1) = \sum_{i=0}^{c_1} \binom{n}{i} p_0^i (1-p_0)^{n-i} \leq\ast \frac{\alpha}{2}$$

und bestimme c_2 so, dass

$$P(X \geq c_2) = \sum_{i=c_2}^{n} \binom{n}{i} p_0^i (1-p_0)^{n-i} \leq\ast \frac{\alpha}{2}$$

$V := \{x | x \leq c_1 \text{ oder } x \geq c_2\}$

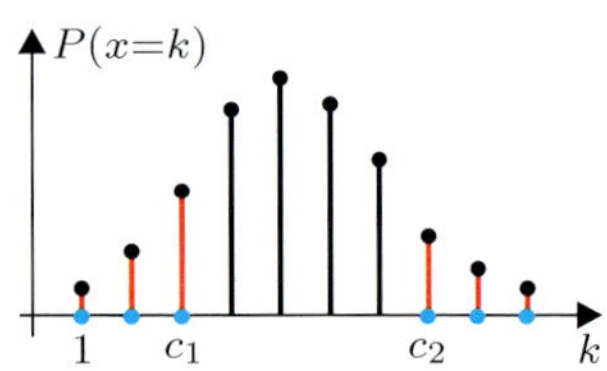

Fehler 1. Art Fehler 2. Art			Hypothese H_0 ist in Wirklichkeit richtig	Hypothese H_0 ist in Wirklichkeit falsch
	H_0 wird durch Testergebnis	verworfen	Fehler 1. Art	richtiger Entscheid
		angenommen	richtiger Entscheid	Fehler 2. Art

Die Wahrscheinlichkeit, einen Fehler 1. Art zu begehen, ist nicht grösser als α.

Punktschätzung einer binomialverteilten Zufallsgrösse X

Gegeben: n Stichprobenwerte $x_1, x_2, \ldots, x_n$ zur Zufallsgrösse X

Schätzung des Erwartungswertes:

$$\mu \approx \bar{x} = \frac{1}{n}(x_1 + x_2 + \ldots + x_n)$$

Schätzung der Varianz:

$$\sigma^2 \approx s^2 = \frac{1}{n-1}\sum_{i=1}^{n}(x_i - \bar{x})^2$$

Gegeben: Ein Bernoulli-Experiment wird n-mal durchgeführt, wobei die einzelnen Wiederholungen unabhängig voneinander sind.

Schätzung der Trefferwahrscheinlichkeit: $p \approx h_n$ wobei h_n die relative Häufigkeit der Treffer ist.

Intervallschätzung einer Wahrscheinlichkeit

Gegeben: n Stichprobenwerte zu einem Bernoulli-Experiment mit k beobachteten Treffern.

Frage: Welche Trefferwahrscheinlichkeiten p sind mit der Anzahl k der beobachteten Treffer verträglich?

Schätzintervall
Vertrauenswahrscheinlichkeit
(vgl. 77, *18*)

Gesucht ist ein Intervall $[p_1, p_2]$ so, dass p mit der Vertrauenswahrscheinlichkeit $\gamma = 1 - \alpha$ im Intervall liegt.
$[p_1, p_2]$ heisst auch Vertrauensbereich oder Konfidenzintervall.

Lösung:

p_1: grösster Wert für p_0 zu

$$\sum_{i=k}^{n}\binom{n}{i}p_0^i(1-p_0)^{n-i} \le \frac{1}{2}(1-\gamma)$$

p_2: kleinster Wert für p_0 zu

$$\sum_{i=0}^{k}\binom{n}{i}p_0^i(1-p_0)^{n-i} \le \frac{1}{2}(1-\gamma)$$

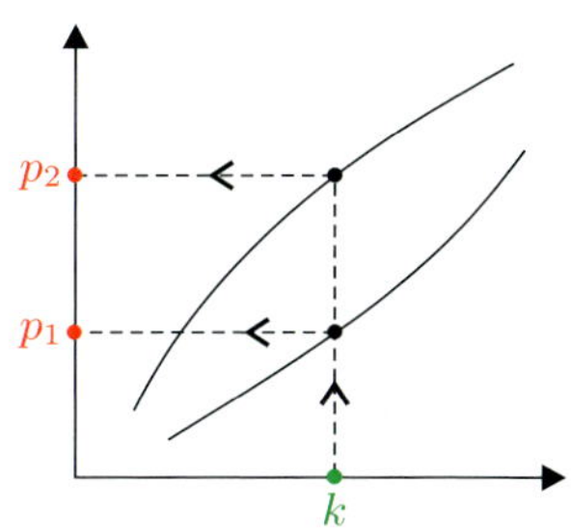

15 Komplexe Zahlen

15.1 Normalform

Normalform einer komplexen Zahl

$$z = x + iy \qquad x, y \in \mathbb{R}$$

x: Realteil von z: $x = \mathrm{Re}(z)$

y: Imaginärteil von z: $y = \mathrm{Im}(z)$

i: imaginäre Einheit mit $i^2 = -1$

$\mathbb{C}$: Menge der komplexen Zahlen

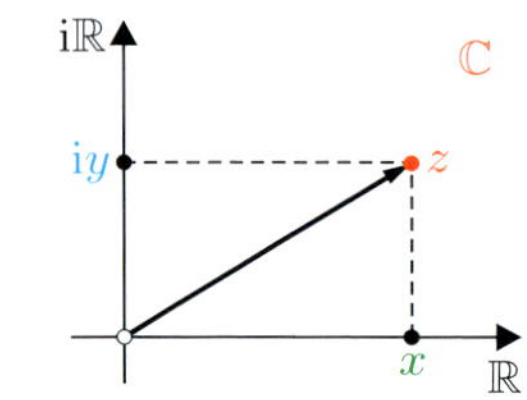

Betrag einer komplexen Zahl

$$|z| = \sqrt{x^2 + y^2}$$

Konjugierte einer komplexen Zahl

$$\overline{z} = x - iy$$

Potenzen der imaginären Einheit

$$i^2 = -1 \quad i^3 = -i \quad i^4 = 1 \quad i^5 = i \quad i^6 = -1$$

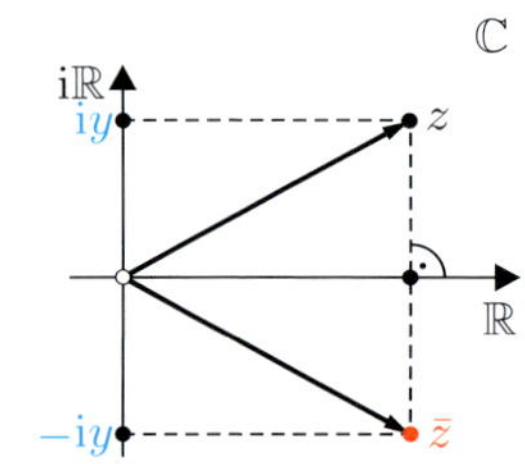

Rechenregeln

Für $z_1 = x_1 + iy_1 \qquad z_2 = x_2 + iy_2$

$$z_1 \pm z_2 = (x_1 \pm x_2) + i(y_1 \pm y_2)$$

$$z_1 \cdot z_2 = (x_1 + iy_1)(x_2 + iy_2) = (x_1x_2 - y_1y_2) + i(x_1y_2 + x_2y_1)$$

$$\frac{z_1}{z_2} = \frac{z_1}{z_2} \cdot \frac{\overline{z_2}}{\overline{z_2}} = \frac{x_1x_2 + y_1y_2}{y_1^2 + y_2^2} + i\,\frac{x_2y_1 - x_1y_2}{y_1^2 + y_2^2}$$

$$\overline{z_1 + z_2} = \overline{z_1} + \overline{z_2}$$

$$\overline{z_1 \cdot z_2} = \overline{z_1} \cdot \overline{z_2}$$

$$z \cdot \overline{z} = |z|^2 = x^2 + y^2 = |\overline{z}|^2$$

$$z + \overline{z} = 2x = 2\,\mathrm{Re}(z)$$

$$z - \overline{z} = 2iy = 2i\,\mathrm{Im}(z)$$

$$\overline{\overline{z}} = z$$

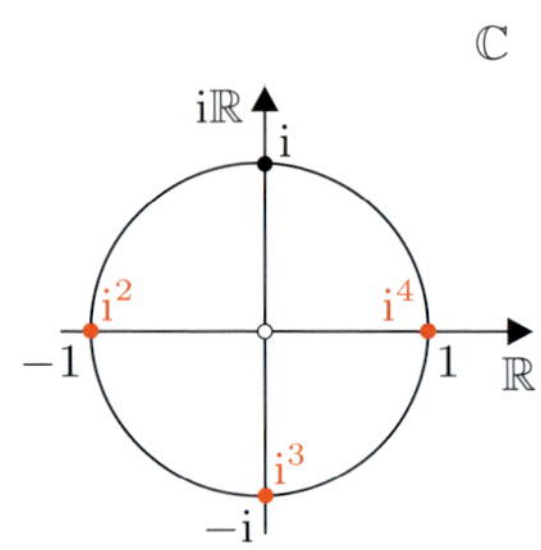

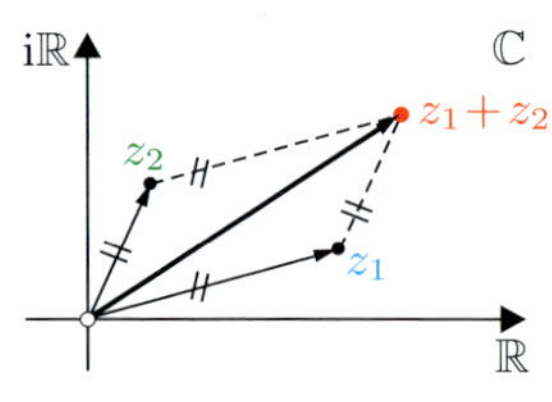

15.2 Polarform, Exponentialform

Polarform einer komplexen Zahl

$$z = r(\cos\varphi + \mathrm{i}\sin\varphi) = r \operatorname{cis}\varphi$$

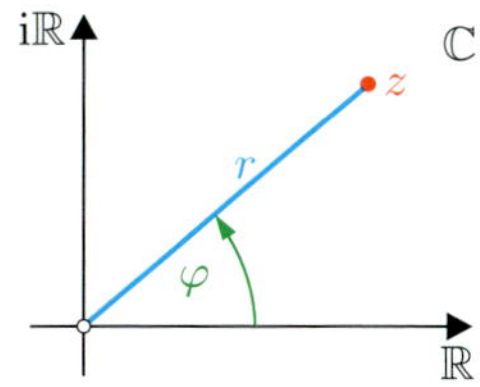

Exponentialform einer komplexen Zahl

$z = r\,\mathrm{e}^{\mathrm{i}\varphi}$ $\quad \varphi$ im Bogenmass

$r = |z| = \sqrt{x^2 + y^2}$: Länge von z

$\cos\varphi = \dfrac{x}{r} \qquad \sin\varphi = \dfrac{y}{r}$

φ: Richtung (Argument) von z

Rechenregeln

Für $z_1 = r_1 \operatorname{cis}\varphi_1 = r_1 \mathrm{e}^{\mathrm{i}\varphi_1}$
$\quad z_2 = r_2 \operatorname{cis}\varphi_2 = r_2 \mathrm{e}^{\mathrm{i}\varphi_2}$

$z_1 \cdot z_2 = r_1 r_2 \operatorname{cis}(\varphi_1 + \varphi_2) = r_1 r_2 \mathrm{e}^{\mathrm{i}(\varphi_1 + \varphi_2)}$

Der Betrag des Produktes ist gleich dem Produkt der Beträge, und das Argument ist gleich der Summe der Argumente.

$\dfrac{z_1}{z_2} = \dfrac{r_1}{r_2} \operatorname{cis}(\varphi_1 - \varphi_2) = \dfrac{r_1}{r_2} \mathrm{e}^{\mathrm{i}(\varphi_1 - \varphi_2)}$

$\overline{z} = r \operatorname{cis}(-\varphi) = r\mathrm{e}^{-\mathrm{i}\varphi}$

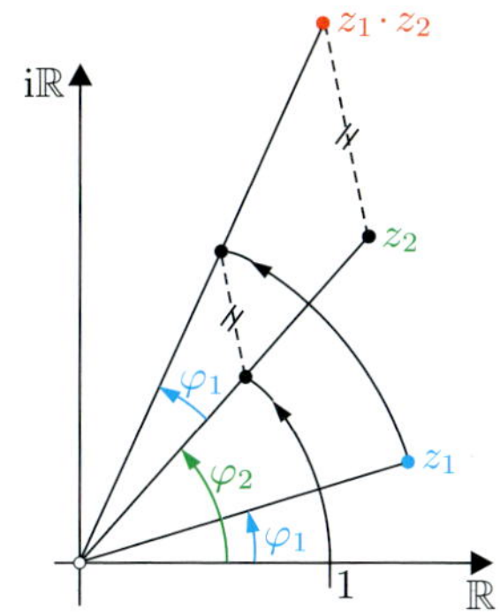

Euler-Relation

$$\mathrm{e}^{\mathrm{i}\pi} + 1 = 0$$

15.3 Kreisteilungsgleichung

n-te Einheitswurzeln

Die Kreisteilungsgleichung $z^n = 1$ hat in $\mathbb{C}$ die n Lösungen:

$$z_k = \operatorname{cis}\left(k\,\frac{2\pi}{n}\right) = \mathrm{e}^{\mathrm{i}k\frac{2\pi}{n}} \qquad k = 0, 1, 2, \ldots, n-1$$

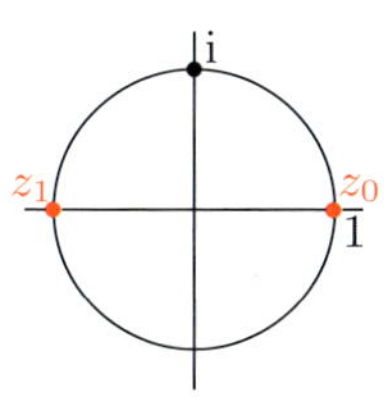

$z^2 = 1$

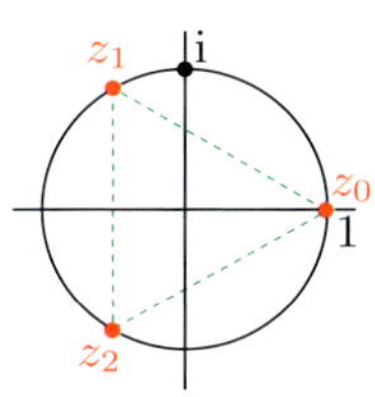

$z^3 = 1$

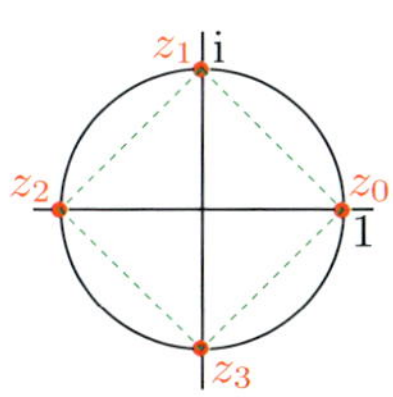

$z^4 = 1$

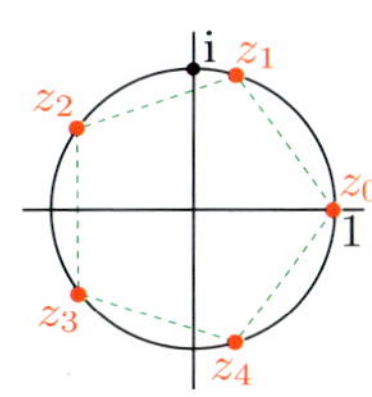

$z^5 = 1$

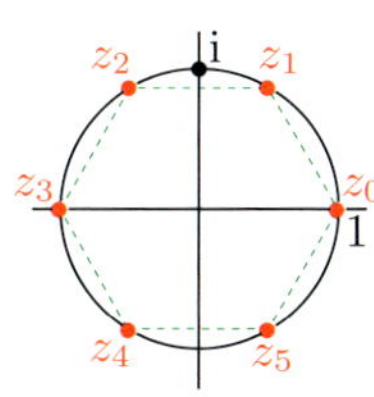

$z^6 = 1$

16 Numerische Verfahren

16.1 Quadratwurzelberechnung nach Heron

Aufgabe

Es ist ein Näherungswert für $\sqrt{a}$ $(a > 0)$ zu bestimmen.

Idee

Man beginnt mit dem Startwert $x_0 \geq \sqrt{a}$. Dann gilt: $\dfrac{a}{x_0} \leq \sqrt{a} \leq x_0$. Als 1. Näherungswert x_1 nimmt man das arithmetische Mittel von x_0 und $\dfrac{a}{x_0}$.

Es gilt: $x_1 \geq \sqrt{a}$.

Somit liegt $\sqrt{a}$ zwischen $\dfrac{a}{x_1}$ und x_1.

$$x_1 = \frac{1}{2}\left(x_0 + \frac{a}{x_0}\right)$$

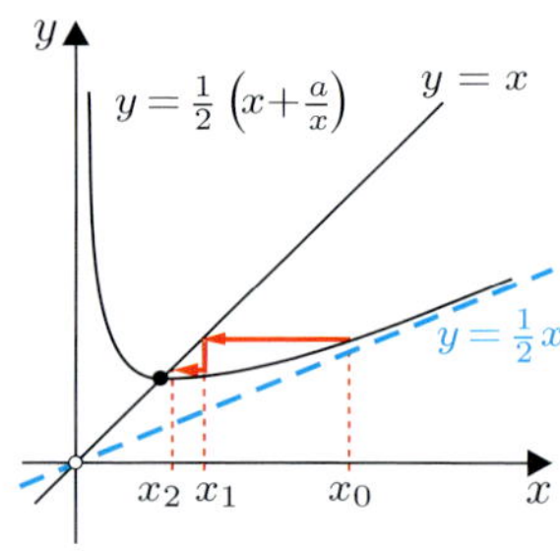

Verfahren

Nach der Wahl eines beliebigen Startwertes $x_0 > 0$ und $x_0 \neq \sqrt{a}$ ergibt

$$x_{n+1} = \frac{1}{2}\left(x_n + \frac{a}{x_n}\right) \quad \text{mit } n \geq 0$$

eine Folge $x_1, x_2, x_3, \ldots$ immer genauerer Näherungswerte für $\sqrt{a}$.

$x_n \geq \sqrt{a}$

für alle $n \geq 1$

Mit dem Computer

Beachte: Das Zeichen ":=" bedeutet eine Wertzuweisung. $v := w$ meint, dass zuerst der Wert der Variablen w bestimmt und dann der Variablen v zugewiesen wird.

$n := n + 1$ ist keine Gleichung, sondern eine Wertzuweisung.

Algorithmus

Eingabe: $a > 0$	(Radikand)
Eingabe: $x_{\text{neu}} > 0$	(Startwert)
Eingabe: $g > 0$	(g: Genauigkeit)
Wiederhole	$x_{\text{alt}} := x_{\text{neu}}$
	$x_{\text{neu}} := \frac{1}{2}\left(x_{\text{alt}} + \frac{a}{x_{\text{alt}}}\right)$
Bis	$\lvert x_{\text{neu}} - x_{\text{alt}} \rvert < g$
Ausgabe: x_{neu}	(Ergebnis)

Häufig auch $n + 1 \to n$

16.2 Berechnung von π nach Nikolaus von Kues (Cusanus-Methode)

Aufgabe

Berechne die Kreiszahl π näherungsweise.

Idee

Der Radius des Inkreises und der Radius des Umkreises von regelmässigen Vielecken mit vorgegebenem Umfang U wird bestimmt. Es gilt der Satz:
Wenn ϱ_1 und r_1 den In- und den Umkreisradius eines regelmässigen n-Ecks bezeichnen, dann ist

$$\varrho_2 = \frac{r_1 + \varrho_1}{2} \quad \text{und} \quad r_2 = \sqrt{r_1 \cdot \varrho_2}$$

der In- und der Umkreisradius eines regelmässigen $2n$-Ecks mit gleich grossem Umfang.

isoperimetrische Methode
d. h. $U = konst.$

Verfahren

Ausgehend von den Startwerten ϱ_0 und r_0 eines beliebigen regelmässigen Vielecks erzeugen

$$\varrho_{n+1} = \frac{r_n + \varrho_n}{2} \quad \text{und} \quad r_{n+1} = \sqrt{r_n \cdot \varrho_{n+1}}$$

zwei Folgen von In- bzw. Umkreisradien, die hinreichend schnell gegen den gemeinsamen Grenzwert r – den Kreisradius – konvergieren.
Weil $U_{\text{Kreis}} = 2\pi r$ gilt:

$$\frac{U}{2r_n} \approx \frac{U}{2\varrho_n} \underset{n\to\infty}{\longrightarrow} \pi$$

ϱ: Inkreisradius
r: Umkreisradius

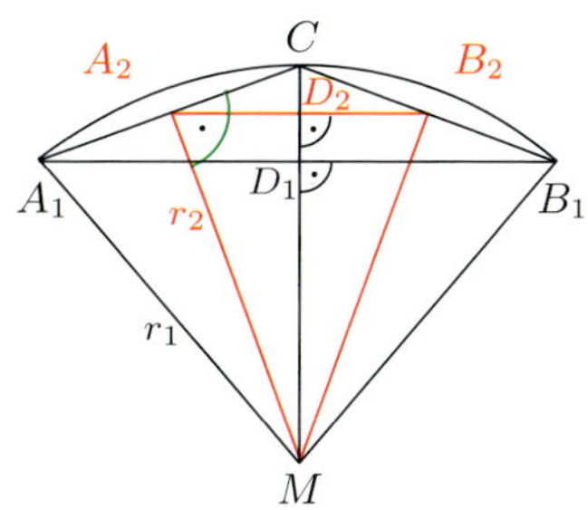

$\overline{MD}_1 = \varrho_1$, $\overline{MD}_2 = \varrho_2$

Beispiel

Zweckmässig geht man von einem Quadrat mit dem Umfang $U = 2$ aus:

$$\varrho_0 = \frac{1}{4} \quad \text{und} \quad r_0 = \frac{\sqrt{2}}{4}$$

8-Eck	$\varrho_1 = 0.301777$	$r_1 = 0.326641$
16-Eck	$\varrho_2 = 0.314209$	$r_2 = 0.320364$
$\vdots$	$\vdots$	$\vdots$
1024-Eck	$\varrho_8 = 0.318309$	$r_8 = 0.318310$

$$\pi \approx \frac{1}{\varrho_8} \approx \frac{1}{r_8}$$

16.3 Gleichungen mit einer Unbekannten

Aufgabe

Bestimme eine Lösung der Gleichung $f(x) = 0$, d. h. eine Nullstelle der zugehörigen Funktion $y = f(x)$.

z. B.
$\ln x + x - 3 = 0$

Voraussetzung

f ist stetig und differenzierbar

Regula falsi
(Sehnenverfahren)

Aus zwei Startwerten x_1 und x_2 mit $f(x_1) \cdot f(x_2) < 0$ – d. h. x_1 und x_2 liegen auf verschiedenen Seiten der Lösung x_0 – bestimmt man den besseren Näherungswert

$$x_3 = x_1 - \frac{x_2 - x_1}{y_2 - y_1} \cdot y_1$$

Dann wiederholt man das Verfahren mit x_1 und x_3 oder mit x_3 und x_2, je nachdem, ob $f(x_1) \cdot f(x_3) < 0$ oder $f(x_2) \cdot f(x_3) < 0$ ist.

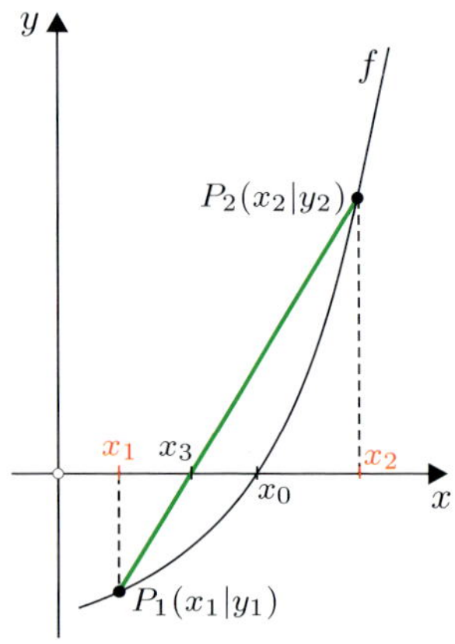

Verfahren von Newton-Raphson
(Tangentenverfahren)

Ausgehend vom hinreichend guten Startwert x_1 ergibt die Iterationsvorschrift

$$x_{n+1} = x_n - \frac{f(x_n)}{f'(x_n)} \quad \text{mit } n \geq 1$$

eine Folge von Näherungswerten $x_2, x_3, \ldots$ für die gesuchte Lösung x_0 der Gleichung $f(x) = 0$.
Das Heron-Verfahren (vgl. 70: Idee; Verfahren) ist ein Spezialfall dieses Verfahrens.

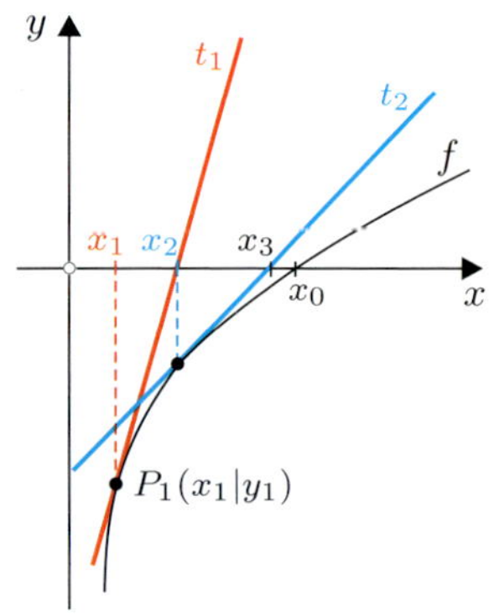

Konvergenz

Falls das Verfahren von Newton-Raphson konvergiert, verdoppelt sich mit jedem Iterationsschritt die Anzahl der gültigen Dezimalstellen.
Konvergenzbedingung: Im Intervall $[a, b]$, in dem alle Näherungswerte liegen, gilt:

$$\left| \frac{f(x) \cdot f''(x)}{(f'(x))^2} \right| < 1\,.$$

16.4 Numerische Integration

Aufgabe — Der Wert des bestimmten Integrals $\int_a^b f(x)dx$ ist zu berechnen.

Voraussetzung — f ist stetig

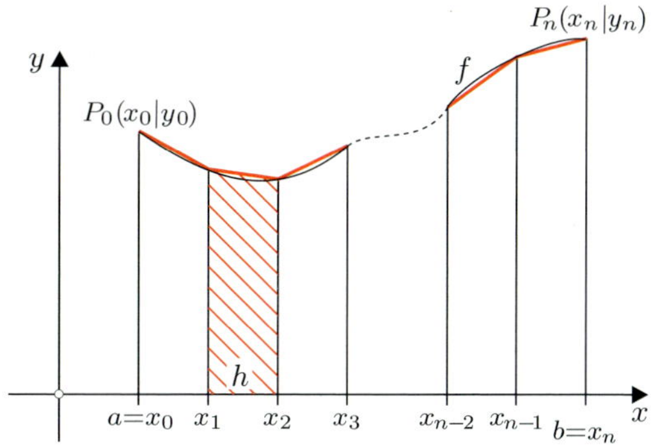

Trapezformel (Sehnenformel)
Die Fläche zwischen der Kurve und der x-Achse wird durch n Trapeze gleicher Breite $h = (b-a)/n$ angenähert. Die Kurvenstücke werden dabei durch Sehnen ersetzt.

$$\int_a^b f(x)dx \approx \left(\frac{1}{2}y_0 + y_1 + \ldots + y_{n-1} + \frac{1}{2}y_n\right)\cdot h$$

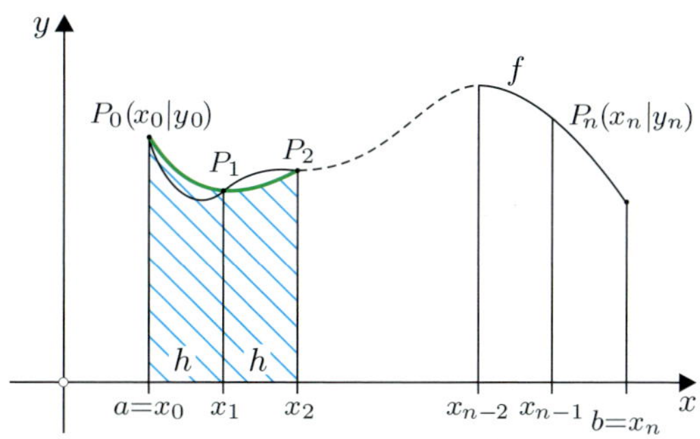

Regel von Simpson
Die Fläche zwischen der Kurve und der x-Achse wird in n Streifen derselben Breite $h = (b-a)/n$ zerlegt, wobei n *gerade* ist. In jedem Doppelstreifen wird die krummlinige Begrenzung durch ein Parabelstück, das durch drei aufeinander folgende Punkte festgelegt ist, angenähert.

$$\int_a^b f(x)dx \approx \left(y_0 + y_n + 2(y_2 + y_4 + \ldots + y_{n-2}) + 4(y_1 + y_3 + \ldots + y_{n-1})\right)\cdot \frac{h}{3}$$

Fassregel von Kepler
Für die Näherungsparabel werden nur die drei Punkte P_0, P_m und P_2 verwendet mit $x_m = \dfrac{a+b}{2}$.

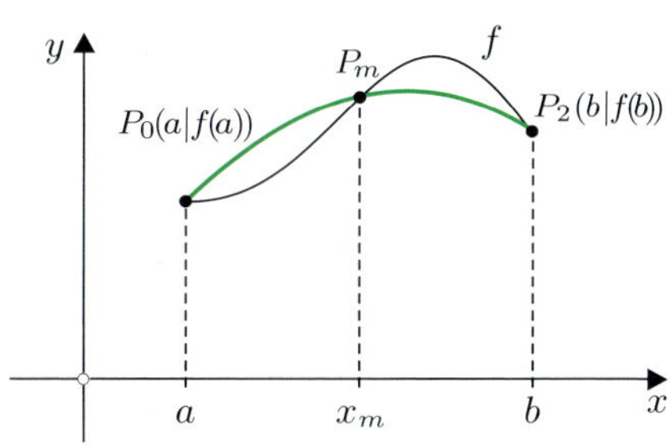

$$\int_a^b f(x)dx \approx \frac{b-a}{6}\left(f(a) + 4\cdot f\left(\frac{a+b}{2}\right) + f(b)\right)$$

17 Primzahlen bis 10 000

2	3	5	7	11	13	17	19	23	29
31	37	41	43	47	53	59	61	67	71
73	79	83	89	97	101	103	107	109	113
127	131	137	139	149	151	157	163	167	173
179	181	191	193	197	199	211	223	227	229
233	239	241	251	257	263	269	271	277	281
283	293	307	311	313	317	331	337	347	349
353	359	367	373	379	383	389	397	401	409
419	421	431	433	439	443	449	457	461	463
467	479	487	491	499	503	509	521	523	541
547	557	563	569	571	577	587	593	599	601
607	613	617	619	631	641	643	647	653	659
661	673	677	683	691	701	709	719	727	733
739	743	751	757	761	769	773	787	797	809
811	821	823	827	829	839	853	857	859	863
877	881	883	887	907	911	919	929	937	941
947	953	967	971	977	983	991	997	1009	1013
1019	1021	1031	1033	1039	1049	1051	1061	1063	1069
1087	1091	1093	1097	1103	1109	1117	1123	1129	1151
1153	1163	1171	1181	1187	1193	1201	1213	1217	1223
1229	1231	1237	1249	1259	1277	1279	1283	1289	1291
1297	1301	1303	1307	1319	1321	1327	1361	1367	1373
1381	1399	1409	1423	1427	1429	1433	1439	1447	1451
1453	1459	1471	1481	1483	1487	1489	1493	1499	1511
1523	1531	1543	1549	1553	1559	1567	1571	1579	1583
1597	1601	1607	1609	1613	1619	1621	1627	1637	1657
1663	1667	1669	1693	1697	1699	1709	1721	1723	1733
1741	1747	1753	1759	1777	1783	1787	1789	1801	1811
1823	1831	1847	1861	1867	1871	1873	1877	1879	1889
1901	1907	1913	1931	1933	1949	1951	1973	1979	1987
1993	1997	1999	2003	2011	2017	2027	2029	2039	2053
2063	2069	2081	2083	2087	2089	2099	2111	2113	2129
2131	2137	2141	2143	2153	2161	2179	2203	2207	2213
2221	2237	2239	2243	2251	2267	2269	2273	2281	2287
2293	2297	2309	2311	2333	2339	2341	2347	2351	2357
2371	2377	2381	2383	2389	2393	2399	2411	2417	2423
2437	2441	2447	2459	2467	2473	2477	2503	2521	2531
2539	2543	2549	2551	2557	2579	2591	2593	2609	2617
2621	2633	2647	2657	2659	2663	2671	2677	2683	2687
2689	2693	2699	2707	2711	2713	2719	2729	2731	2741
2749	2753	2767	2777	2789	2791	2797	2801	2803	2819
2833	2837	2843	2851	2857	2861	2879	2887	2897	2903

2909	2917	2927	2939	2953	2957	2963	2969	2971	2999
3001	3011	3019	3023	3037	3041	3049	3061	3067	3079
3083	3089	3109	3119	3121	3137	3163	3167	3169	3181
3187	3191	3203	3209	3217	3221	3229	3251	3253	3257
3259	3271	3299	3301	3307	3313	3319	3323	3329	3331
3343	3347	3359	3361	3371	3373	3389	3391	3407	3413
3433	3449	3457	3461	3463	3467	3469	3491	3499	3511
3517	3527	3529	3533	3539	3541	3547	3557	3559	3571
3581	3583	3593	3607	3613	3617	3623	3631	3637	3643
3659	3671	3673	3677	3691	3697	3701	3709	3719	3727
3733	3739	3761	3767	3769	3779	3793	3797	3803	3821
3823	3833	3847	3851	3853	3863	3877	3881	3889	3907
3911	3917	3919	3923	3929	3931	3943	3947	3967	3989
4001	4003	4007	4013	4019	4021	4027	4049	4051	4057
4073	4079	4091	4093	4099	4111	4127	4129	4133	4139
4153	4157	4159	4177	4201	4211	4217	4219	4229	4231
4241	4243	4253	4259	4261	4271	4273	4283	4289	4297
4327	4337	4339	4349	4357	4363	4373	4391	4397	4409
4421	4423	4441	4447	4451	4457	4463	4481	4483	4493
4507	4513	4517	4519	4523	4547	4549	4561	4567	4583
4591	4597	4603	4621	4637	4639	4643	4649	4651	4657
4663	4673	4679	4691	4703	4721	4723	4729	4733	4751
4759	4783	4787	4789	4793	4799	4801	4813	4817	4831
4861	4871	4877	4889	4903	4909	4919	4931	4933	4937
4943	4951	4957	4967	4969	4973	4987	4993	4999	5003
5009	5011	5021	5023	5039	5051	5059	5077	5081	5087
5099	5101	5107	5113	5119	5147	5153	5167	5171	5179
5189	5197	5209	5227	5231	5233	5237	5261	5273	5279
5281	5297	5303	5309	5323	5333	5347	5351	5381	5387
5393	5399	5407	5413	5417	5419	5431	5437	5441	5443
5449	5471	5477	5479	5483	5501	5503	5507	5519	5521
5527	5531	5557	5563	5569	5573	5581	5591	5623	5639
5641	5647	5651	5653	5657	5659	5669	5683	5689	5693
5701	5711	5717	5737	5741	5743	5749	5779	5783	5791
5801	5807	5813	5821	5827	5839	5843	5849	5851	5857
5861	5867	5869	5879	5881	5897	5903	5923	5927	5939
5953	5981	5987	6007	6011	6029	6037	6043	6047	6053
6067	6073	6079	6089	6091	6101	6113	6121	6131	6133
6143	6151	6163	6173	6197	6199	6203	6211	6217	6221
6229	6247	6257	6263	6269	6271	6277	6287	6299	6301
6311	6317	6323	6329	6337	6343	6353	6359	6361	6367
6373	6379	6389	6397	6421	6427	6449	6451	6469	6473
6481	6491	6521	6529	6547	6551	6553	6563	6569	6571
6577	6581	6599	6607	6619	6637	6653	6659	6661	6673

6679	6689	6691	6701	6703	6709	6719	6733	6737	6761
6763	6779	6781	6791	6793	6803	6823	6827	6829	6833
6841	6857	6863	6869	6871	6883	6899	6907	6911	6917
6947	6949	6959	6961	6967	6971	6977	6983	6991	6997
7001	7013	7019	7027	7039	7043	7057	7069	7079	7103
7109	7121	7127	7129	7151	7159	7177	7187	7193	7207
7211	7213	7219	7229	7237	7243	7247	7253	7283	7297
7307	7309	7321	7331	7333	7349	7351	7369	7393	7411
7417	7433	7451	7457	7459	7477	7481	7487	7489	7499
7507	7517	7523	7529	7537	7541	7547	7549	7559	7561
7573	7577	7583	7589	7591	7603	7607	7621	7639	7643
7649	7669	7673	7681	7687	7691	7699	7703	7717	7723
7727	7741	7753	7757	7759	7789	7793	7817	7823	7829
7841	7853	7867	7873	7877	7879	7883	7901	7907	7919
7927	7933	7937	7949	7951	7963	7993	8009	8011	8017
8039	8053	8059	8069	8081	8087	8089	8093	8101	8111
8117	8123	8147	8161	8167	8171	8179	8191	8209	8219
8221	8231	8233	8237	8243	8263	8269	8273	8287	8291
8293	8297	8311	8317	8329	8353	8363	8369	8377	8387
8389	8419	8423	8429	8431	8443	8447	8461	8467	8501
8513	8521	8527	8537	8539	8543	8563	8573	8581	8597
8599	8609	8623	8627	8629	8641	8647	8663	8669	8677
8681	8689	8693	8699	8707	8713	8719	8731	8737	8741
8747	8753	8761	8779	8783	8803	8807	8819	8821	8831
8837	8839	8849	8861	8863	8867	8887	8893	8923	8929
8933	8941	8951	8963	8969	8971	8999	9001	9007	9011
9013	9029	9041	9043	9049	9059	9067	9091	9103	9109
9127	9133	9137	9151	9157	9161	9173	9181	9187	9199
9203	9209	9221	9227	9239	9241	9257	9277	9281	9283
9293	9311	9319	9323	9337	9341	9343	9349	9371	9377
9391	9397	9403	9413	9419	9421	9431	9433	9437	9439
9461	9463	9467	9473	9479	9491	9497	9511	9521	9533
9539	9547	9551	9587	9601	9613	9619	9623	9629	9631
9643	9649	9661	9677	9679	9689	9697	9719	9721	9733
9739	9743	9749	9767	9769	9781	9787	9791	9803	9811
9817	9829	9833	9839	9851	9857	9859	9871	9883	9887
9901	9907	9923	9929	9931	9941	9949	9967	9973	

Primzahlverteilung

x	10^2	10^3	10^4	10^5	10^6	10^7	10^8
$\pi(x)$	25	168	1229	9592	78 498	664 579	5 761 455

Die Anzahl der Primzahlen $\pi(x)$ von 2 bis zur Zahl x lässt sich nach Gauss-Hadamard-de la Valleé Poussin abschätzen: $\pi(x) \approx \dfrac{x}{\ln x}$

18 Binomische Verteilung (summiert)

$$P_n(X \leq x) = \sum_{k=0}^{x} \binom{n}{k} p^k (1-p)^{n-k}; \qquad n = 2, 3, \ldots, 11, 12, 15, 20, 25$$

p / x	**0.001**	**0.01**	**0.05**	**0.1**	**1/6**	**0.2**	**0.25**	**1/3**	**0.4**	**0.5**	**p** / $n-x$
$n = 2$											
0	0.998	0.980	0.903	0.810	0.694	0.640	0.563	0.444	0.360	0.250	2
1	1.000	1.000	0.998	0.990	0.972	0.960	0.938	0.889	0.840	0.750	1
2	1.000	1.000	1.000	1.000	1.000	1.000	1.000	1.000	1.000	1.000	0
$n = 3$											
0	0.997	0.970	0.857	0.729	0.579	0.512	0.422	0.296	0.216	0.125	3
1	1.000	1.000	0.993	0.972	0.926	0.896	0.844	0.741	0.648	0.500	2
2	1.000	1.000	1.000	0.999	0.995	0.992	0.984	0.963	0.936	0.875	1
3	1.000	1.000	1.000	1.000	1.000	1.000	1.000	1.000	1.000	1.000	0
$n = 4$											
0	0.996	0.961	0.815	0.656	0.482	0.410	0.316	0.198	0.130	0.063	4
1	1.000	0.999	0.986	0.948	0.868	0.819	0.738	0.593	0.475	0.313	3
2	1.000	1.000	1.000	0.996	0.984	0.973	0.949	0.889	0.821	0.688	2
3	1.000	1.000	1.000	1.000	0.999	0.998	0.996	0.988	0.974	0.938	1
4	1.000	1.000	1.000	1.000	1.000	1.000	1.000	1.000	1.000	1.000	0
$n = 5$											
0	0.995	0.951	0.774	0.590	0.402	0.328	0.237	0.132	0.078	0.031	5
1	1.000	0.999	0.977	0.919	0.804	0.737	0.633	0.461	0.337	0.188	4
2	1.000	1.000	0.999	0.991	0.965	0.942	0.896	0.790	0.683	0.500	3
3	1.000	1.000	1.000	1.000	0.997	0.993	0.984	0.955	0.913	0.813	2
4	1.000	1.000	1.000	1.000	1.000	1.000	0.999	0.996	0.990	0.969	1
5	1.000	1.000	1.000	1.000	1.000	1.000	1.000	1.000	1.000	1.000	0
$n = 6$											
0	0.994	0.941	0.735	0.531	0.335	0.262	0.178	0.088	0.047	0.016	6
1	1.000	0.999	0.967	0.886	0.737	0.655	0.534	0.351	0.233	0.109	5
2	1.000	1.000	0.998	0.984	0.938	0.901	0.831	0.680	0.544	0.344	4
3	1.000	1.000	1.000	0.999	0.991	0.983	0.962	0.900	0.821	0.656	3
4	1.000	1.000	1.000	1.000	0.999	0.998	0.995	0.982	0.959	0.891	2
5	1.000	1.000	1.000	1.000	1.000	1.000	1.000	0.999	0.996	0.984	1
6	1.000	1.000	1.000	1.000	1.000	1.000	1.000	1.000	1.000	1.000	0
$n = 7$											
0	0.993	0.932	0.698	0.478	0.279	0.210	0.133	0.059	0.028	0.008	7
1	1.000	0.998	0.956	0.850	0.670	0.577	0.445	0.263	0.159	0.063	6
2	1.000	1.000	0.996	0.974	0.904	0.852	0.756	0.571	0.420	0.227	5
3	1.000	1.000	1.000	0.997	0.982	0.967	0.929	0.827	0.710	0.500	4
4	1.000	1.000	1.000	1.000	0.998	0.995	0.987	0.955	0.904	0.773	3
5	1.000	1.000	1.000	1.000	1.000	1.000	0.999	0.993	0.981	0.938	2
6	1.000	1.000	1.000	1.000	1.000	1.000	1.000	1.000	0.998	0.992	1
7	1.000	1.000	1.000	1.000	1.000	1.000	1.000	1.000	1.000	1.000	0
q	**0.999**	**0.99**	**0.95**	**0.9**	**5/6**	**0.8**	**0.75**	**2/3**	**0.6**	**0.5**	**q**

Ablesebeispiele auf Seite 79

p / x	0.001	0.01	0.05	0.1	1/6	0.2	0.25	1/3	0.4	0.5	p / n−x
$n = 8$											
0	0.992	0.923	0.663	0.430	0.233	0.168	0.100	0.039	0.017	0.004	8
1	1.000	0.997	0.943	0.813	0.605	0.503	0.367	0.195	0.106	0.035	7
2	1.000	1.000	0.994	0.962	0.865	0.797	0.679	0.468	0.315	0.145	6
3	1.000	1.000	1.000	0.995	0.969	0.944	0.886	0.741	0.594	0.363	5
4	1.000	1.000	1.000	1.000	0.995	0.990	0.973	0.912	0.826	0.637	4
5	1.000	1.000	1.000	1.000	1.000	0.999	0.996	0.980	0.950	0.855	3
6	1.000	1.000	1.000	1.000	1.000	1.000	1.000	0.997	0.991	0.965	2
7	1.000	1.000	1.000	1.000	1.000	1.000	1.000	1.000	0.999	0.996	1
8	1.000	1.000	1.000	1.000	1.000	1.000	1.000	1.000	1.000	1.000	0
$n = 9$											
0	0.991	0.914	0.630	0.387	0.194	0.134	0.075	0.026	0.010	0.002	9
1	1.000	0.997	0.929	0.775	0.543	0.436	0.300	0.143	0.071	0.020	8
2	1.000	1.000	0.992	0.947	0.822	0.738	0.601	0.377	0.232	0.090	7
3	1.000	1.000	0.999	0.992	0.952	0.914	0.834	0.650	0.483	0.254	6
4	1.000	1.000	1.000	0.999	0.991	0.980	0.951	0.855	0.733	0.500	5
5	1.000	1.000	1.000	1.000	0.999	0.997	0.990	0.958	0.901	0.746	4
6	1.000	1.000	1.000	1.000	1.000	1.000	0.999	0.992	0.975	0.910	3
7	1.000	1.000	1.000	1.000	1.000	1.000	1.000	0.999	0.996	0.980	2
8	1.000	1.000	1.000	1.000	1.000	1.000	1.000	1.000	1.000	0.998	1
9	1.000	1.000	1.000	1.000	1.000	1.000	1.000	1.000	1.000	1.000	0
$n = 10$											
0	0.990	0.904	0.599	0.349	0.162	0.107	0.056	0.017	0.006	0.001	10
1	1.000	0.996	0.914	0.736	0.485	0.376	0.244	0.104	0.046	0.011	9
2	1.000	1.000	0.988	0.930	0.775	0.678	0.526	0.299	0.167	0.055	8
3	1.000	1.000	0.999	0.987	0.930	0.879	0.776	0.559	0.382	0.172	7
4	1.000	1.000	1.000	0.998	0.985	0.967	0.922	0.787	0.633	0.377	6
5	1.000	1.000	1.000	1.000	0.998	0.994	0.980	0.923	0.834	0.623	5
6	1.000	1.000	1.000	1.000	1.000	0.999	0.996	0.980	0.945	0.828	4
7	1.000	1.000	1.000	1.000	1.000	1.000	1.000	0.997	0.988	0.945	3
8	1.000	1.000	1.000	1.000	1.000	1.000	1.000	1.000	0.998	0.989	2
9	1.000	1.000	1.000	1.000	1.000	1.000	1.000	1.000	1.000	0.999	1
10	1.000	1.000	1.000	1.000	1.000	1.000	1.000	1.000	1.000	1.000	0
$n = 11$											
0	0.989	0.895	0.569	0.314	0.135	0.086	0.042	0.012	0.004	0.000	11
1	1.000	0.995	0.898	0.697	0.431	0.322	0.197	0.075	0.030	0.006	10
2	1.000	1.000	0.985	0.910	0.727	0.617	0.455	0.234	0.119	0.033	9
3	1.000	1.000	0.998	0.981	0.904	0.839	0.713	0.473	0.296	0.113	8
4	1.000	1.000	1.000	0.997	0.975	0.950	0.885	0.711	0.533	0.274	7
5	1.000	1.000	1.000	1.000	0.995	0.988	0.966	0.878	0.753	0.500	6
6	1.000	1.000	1.000	1.000	0.999	0.998	0.992	0.961	0.901	0.726	5
7	1.000	1.000	1.000	1.000	1.000	1.000	0.999	0.991	0.971	0.887	4
8	1.000	1.000	1.000	1.000	1.000	1.000	1.000	0.999	0.994	0.967	3
9	1.000	1.000	1.000	1.000	1.000	1.000	1.000	1.000	0.999	0.994	2
10	1.000	1.000	1.000	1.000	1.000	1.000	1.000	1.000	1.000	1.000	1
11	1.000	1.000	1.000	1.000	1.000	1.000	1.000	1.000	1.000	1.000	0
q	**0.999**	**0.99**	**0.95**	**0.9**	**5/6**	**0.8**	**0.75**	**2/3**	**0.6**	**0.5**	**q**

p / x	0.001	0.01	0.05	0.1	1/6	0.2	0.25	1/3	0.4	0.5	p / $n-x$
$n = 12$											
0	0.988	0.886	0.540	0.282	0.112	0.069	0.032	0.008	0.002	0.000	12
1	1.000	0.994	0.882	0.659	0.381	0.275	0.158	0.054	0.020	0.003	11
2	1.000	1.000	0.980	0.889	0.677	0.558	0.391	0.181	0.083	0.019	10
3	1.000	1.000	0.998	0.974	0.875	0.795	0.649	0.393	0.225	0.073	9
4	1.000	1.000	1.000	0.996	0.964	0.927	0.842	0.632	0.438	0.194	8
5	1.000	1.000	1.000	0.999	0.992	0.981	0.946	0.822	0.665	0.387	7
6	1.000	1.000	1.000	1.000	0.999	0.996	0.986	0.934	0.842	0.613	6
7	1.000	1.000	1.000	1.000	1.000	0.999	0.997	0.981	0.943	0.806	5
8	1.000	1.000	1.000	1.000	1.000	1.000	1.000	0.996	0.985	0.927	4
9	1.000	1.000	1.000	1.000	1.000	1.000	1.000	0.999	0.997	0.981	3
10	1.000	1.000	1.000	1.000	1.000	1.000	1.000	1.000	1.000	0.997	2
11	1.000	1.000	1.000	1.000	1.000	1.000	1.000	1.000	1.000	1.000	1
12	1.000	1.000	1.000	1.000	1.000	1.000	1.000	1.000	1.000	1.000	0
$n = 15$											
0	0.985	0.860	0.463	0.206	0.065	0.035	0.013	0.002	0.000	0.000	15
1	1.000	0.990	0.829	0.549	0.260	0.167	0.080	0.019	0.005	0.000	14
2	1.000	1.000	0.964	0.816	0.532	0.398	0.236	0.079	0.027	0.004	13
3	1.000	1.000	0.995	0.944	0.768	0.648	0.461	0.209	0.091	0.018	12
4	1.000	1.000	0.999	0.987	0.910	0.836	0.686	0.404	0.217	0.059	11
5	1.000	1.000	1.000	0.998	0.973	0.939	0.852	0.618	0.403	0.151	10
6	1.000	1.000	1.000	1.000	0.993	0.982	0.943	0.797	0.610	0.304	9
7	1.000	1.000	1.000	1.000	0.999	0.996	0.983	0.912	0.787	0.500	8
8	1.000	1.000	1.000	1.000	1.000	0.999	0.996	0.969	0.905	0.696	7
9	1.000	1.000	1.000	1.000	1.000	1.000	0.999	0.991	0.966	0.849	6
10	1.000	1.000	1.000	1.000	1.000	1.000	1.000	0.998	0.991	0.941	5
11	1.000	1.000	1.000	1.000	1.000	1.000	1.000	1.000	0.998	0.982	4
12	1.000	1.000	1.000	1.000	1.000	1.000	1.000	1.000	1.000	0.996	3
13	1.000	1.000	1.000	1.000	1.000	1.000	1.000	1.000	1.000	1.000	2
14	1.000	1.000	1.000	1.000	1.000	1.000	1.000	1.000	1.000	1.000	1
15	1.000	1.000	1.000	1.000	1.000	1.000	1.000	1.000	1.000	1.000	0
q	**0.999**	**0.99**	**0.95**	**0.9**	**5/6**	**0.8**	**0.75**	**2/3**	**0.6**	**0.5**	q

Ablesebeispiele:

a) In einer Urne sind 24 Kugeln, 6 davon rot. Wie gross ist die Wahrscheinlichkeit, in 12 Ziehungen mit Zurücklegen höchstens 4 rote zu erhalten?
Also: $n = 12$, $p = \dfrac{6}{24} = 0.25$, $x = 4$: $P_{12}(X \leq 4) = 0.842$

b) In einer Urne sind 20 Kugeln, 4 davon rot. Wie gross ist die Wahrscheinlichkeit, in 15 Ziehungen mit Zurücklegen mindestens 2 rote zu erhalten?
Also: $n = 15$, $p = \dfrac{4}{20} = 0.2$, $x = 2$: $P_{15}(X \geq 2) = 1 - P_{15}(X \leq 1) = 1 - 0.167 = 0.833$
Oder: 4 rote entsprechen 16 nicht roten. Also $q = 1 - p = 1 - 0.2 = 0.8$. Somit: Bestimme die Wahrscheinlichkeit P^*, in 15 Ziehungen höchstens 1 nicht rote zu ziehen.
Also: $n = 15$, $q = 0.8$ (in der Fusszeile ablesen), $x = 1$: $P^* = 0.167$

p / x	**0.001**	**0.01**	**0.05**	**0.1**	**1/6**	**0.2**	**0.25**	**1/3**	**0.4**	**0.5**	p / $n-x$
$n=20$											
0	0.980	0.818	0.358	0.122	0.026	0.012	0.003	0.000	0.000	0.000	20
1	1.000	0.983	0.736	0.392	0.130	0.069	0.024	0.003	0.001	0.000	19
2	1.000	0.999	0.925	0.677	0.329	0.206	0.091	0.018	0.004	0.000	18
3	1.000	1.000	0.984	0.867	0.567	0.411	0.225	0.060	0.016	0.001	17
4	1.000	1.000	0.997	0.957	0.769	0.630	0.415	0.152	0.051	0.006	16
5	1.000	1.000	1.000	0.989	0.898	0.804	0.617	0.297	0.126	0.021	15
6	1.000	1.000	1.000	0.998	0.963	0.913	0.786	0.479	0.250	0.058	14
7	1.000	1.000	1.000	1.000	0.989	0.968	0.898	0.661	0.416	0.132	13
8	1.000	1.000	1.000	1.000	0.997	0.990	0.959	0.809	0.596	0.252	12
9	1.000	1.000	1.000	1.000	0.999	0.997	0.986	0.908	0.755	0.412	11
10	1.000	1.000	1.000	1.000	1.000	0.999	0.996	0.962	0.872	0.588	10
11	1.000	1.000	1.000	1.000	1.000	1.000	0.999	0.987	0.943	0.748	9
12	1.000	1.000	1.000	1.000	1.000	1.000	1.000	0.996	0.979	0.868	8
13	1.000	1.000	1.000	1.000	1.000	1.000	1.000	0.999	0.994	0.942	7
14	1.000	1.000	1.000	1.000	1.000	1.000	1.000	1.000	0.998	0.979	6
15	1.000	1.000	1.000	1.000	1.000	1.000	1.000	1.000	1.000	0.994	5
16	1.000	1.000	1.000	1.000	1.000	1.000	1.000	1.000	1.000	0.999	4
17	1.000	1.000	1.000	1.000	1.000	1.000	1.000	1.000	1.000	1.000	3
18	1.000	1.000	1.000	1.000	1.000	1.000	1.000	1.000	1.000	1.000	2
19	1.000	1.000	1.000	1.000	1.000	1.000	1.000	1.000	1.000	1.000	1
20	1.000	1.000	1.000	1.000	1.000	1.000	1.000	1.000	1.000	1.000	0
$n=25$											
0	0.975	0.778	0.277	0.072	0.010	0.004	0.001	0.000	0.000	0.000	25
1	1.000	0.974	0.642	0.271	0.063	0.027	0.007	0.001	0.000	0.000	24
2	1.000	0.998	0.873	0.537	0.189	0.098	0.032	0.004	0.000	0.000	23
3	1.000	1.000	0.966	0.764	0.382	0.234	0.096	0.015	0.002	0.000	22
4	1.000	1.000	0.993	0.902	0.594	0.421	0.214	0.046	0.009	0.000	21
5	1.000	1.000	0.999	0.967	0.772	0.617	0.378	0.112	0.029	0.002	20
6	1.000	1.000	1.000	0.991	0.891	0.780	0.561	0.222	0.074	0.007	19
7	1.000	1.000	1.000	0.998	0.955	0.891	0.727	0.370	0.154	0.022	18
8	1.000	1.000	1.000	1.000	0.984	0.953	0.851	0.538	0.274	0.054	17
9	1.000	1.000	1.000	1.000	0.995	0.983	0.929	0.696	0.425	0.115	16
10	1.000	1.000	1.000	1.000	0.999	0.994	0.970	0.822	0.586	0.212	15
11	1.000	1.000	1.000	1.000	1.000	0.998	0.989	0.908	0.732	0.345	14
12	1.000	1.000	1.000	1.000	1.000	1.000	0.997	0.958	0.846	0.500	13
13	1.000	1.000	1.000	1.000	1.000	1.000	0.999	0.984	0.922	0.655	12
14	1.000	1.000	1.000	1.000	1.000	1.000	1.000	0.994	0.966	0.788	11
15	1.000	1.000	1.000	1.000	1.000	1.000	1.000	0.998	0.987	0.885	10
16	1.000	1.000	1.000	1.000	1.000	1.000	1.000	1.000	0.996	0.946	9
17	1.000	1.000	1.000	1.000	1.000	1.000	1.000	1.000	0.999	0.978	8
18	1.000	1.000	1.000	1.000	1.000	1.000	1.000	1.000	1.000	0.993	7
19	1.000	1.000	1.000	1.000	1.000	1.000	1.000	1.000	1.000	0.998	6
20	1.000	1.000	1.000	1.000	1.000	1.000	1.000	1.000	1.000	1.000	5
21	1.000	1.000	1.000	1.000	1.000	1.000	1.000	1.000	1.000	1.000	4
22	1.000	1.000	1.000	1.000	1.000	1.000	1.000	1.000	1.000	1.000	3
23	1.000	1.000	1.000	1.000	1.000	1.000	1.000	1.000	1.000	1.000	2
24	1.000	1.000	1.000	1.000	1.000	1.000	1.000	1.000	1.000	1.000	1
25	1.000	1.000	1.000	1.000	1.000	1.000	1.000	1.000	1.000	1.000	0
q	**0.999**	**0.99**	**0.95**	**0.9**	**5/6**	**0.8**	**0.75**	**2/3**	**0.6**	**0.5**	q

19 Mechanik

19.1 Kinematik

Geradlinige Bewegung

Gleichförmige Bewegung (konstante Geschwindigkeit)

$$s = s_0 + vt$$

s Weg (Koordinate)
s_0 Wert von s zum Zeitpunkt $t = 0$
v Geschwindigkeit
t Zeit
(vgl. 14: Lineare Funktion)

Gleichmässig beschleunigte Bewegung (konstante Beschleunigung)

$$s = s_0 + v_0 t + \frac{1}{2}at^2$$
$$v = v_0 + at$$
$$v^2 = v_0^2 + 2a\,(s - s_0)$$

v Momentangeschwindigkeit
v_0 Anfangsgeschwindigkeit, Wert von v zum Zeitpunkt $t = 0$
a Beschleunigung
(vgl. 15: Quadratische Funktion)

Mittlere Geschwindigkeit

$$\bar{v} = \frac{\Delta s}{\Delta t} = \frac{s_2 - s_1}{t_2 - t_1}$$

Mittlere Beschleunigung

$$a = \frac{\Delta v}{\Delta t}$$

s_1 Weg (Koordinate) zum Zeitpunkt t_1
s_2 Weg (Koordinate) zum Zeitpunkt t_2
Δs Wegstrecke
Δt Zeitspanne
(vgl. 14: Lineare Funktion)

Darstellung in Diagrammen
gleichförmig
gleichmässig beschleunigt

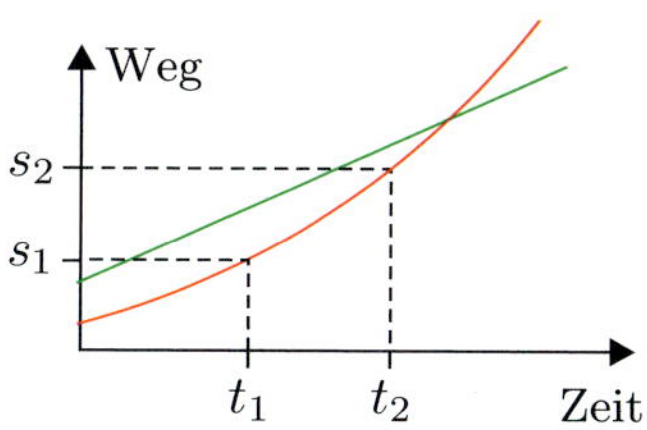

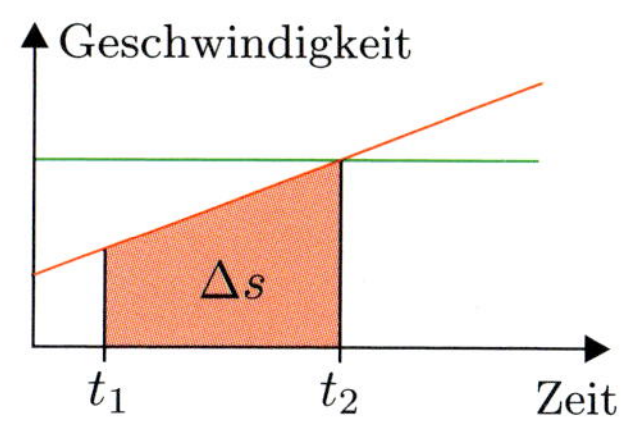

Zusammenhänge

Die Geschwindigkeit zu einem Zeitpunkt (Momentangeschwindigkeit) entspricht der Steigung des Graphen im Weg-Zeit-Diagramm zu diesem Zeitpunkt.
(vgl. 55: Differentialquotient; vgl. 61: Bewegungsprobleme)

Die in der Zeitspanne Δt zurückgelegte Wegstrecke Δs entspricht dem Flächeninhalt der markierten Fläche im Geschwindigkeit-Zeit-Diagramm.
(vgl. 58: Bestimmtes Integral; vgl. 61: Bewegungsprobleme)

Schiefer Wurf

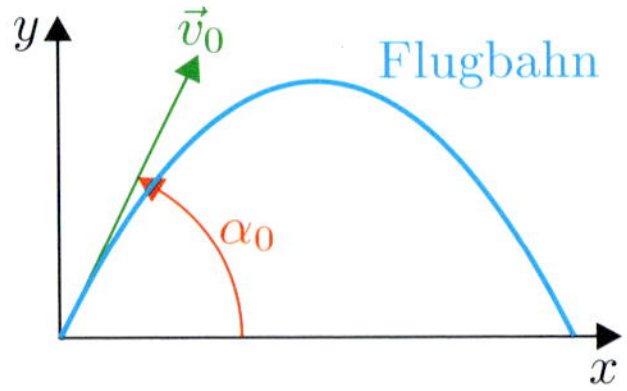

Die Flugbahn ist eine Parabel.

$x = v_0 t \cos\alpha_0$

$y = v_0 t \sin\alpha_0 - \frac{1}{2} g t^2$

x waagerechte Wegkoordinate
y senkrechte Wegkoordinate
t Zeit
v_0 Betrag der Anfangsgeschwindigkeit
α_0 Abwurfwinkel
g Fallbeschleunigung, Erde: $g \approx 9.81 \mathrm{m/s^2}$

Gleichförmige Kreisbewegung

Winkelkoordinate (im Bogenmass) (vgl. 23: Bogenmass des Winkels)	$\varphi = \frac{b}{r}$	b Bogenlänge r Kreisradius
Winkelgeschwindigkeit	$\omega = \frac{\Delta\varphi}{\Delta t}$	$\Delta\varphi$ Drehwinkel (im Bogenmass), der in der Zeitspanne Δt überstrichen wird
Bahngeschwindigkeit	$v = \omega r$	
Periode, Umlaufzeit	$T = \frac{2\pi r}{v} = \frac{2\pi}{\omega}$	
Frequenz, Drehzahl	$f = \frac{1}{T} = \frac{\omega}{2\pi}$	
Zentripetalbeschleunigung (zum Zentrum der Kreisbewegung gerichtet) (vgl. 84: Zentripetalkraft)	$a_z = \frac{v^2}{r} = r\omega^2$	

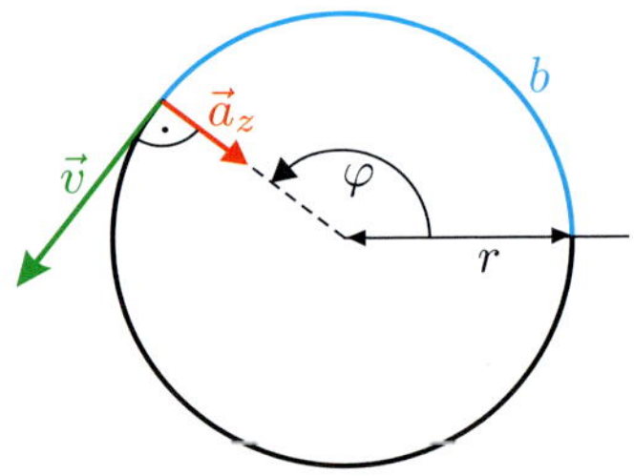

19.2 Dynamik

Resultierende Kraft	$\vec{F}_{\text{res}} = \vec{F}_1 + \vec{F}_2 + \ldots + \vec{F}_n = \sum_{i=1}^{n} \vec{F}_i$	$\vec{F}_1, \vec{F}_2, \ldots$ Kräfte, die am gleichen Körper angreifen (vgl. 33, *8.1*)

Beispiel für zwei Kräfte

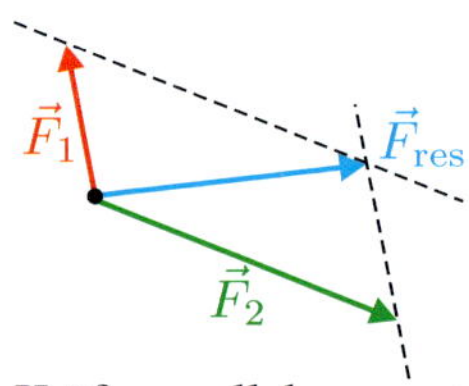

Kräfteparallelogramm konstruieren

oder

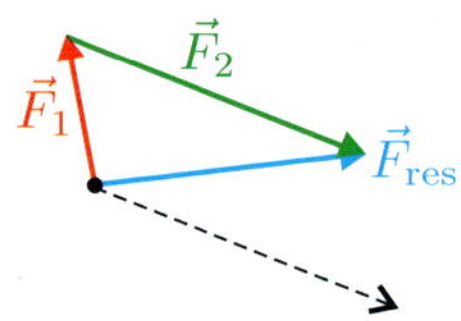

Kraftvektoren aneinander hängen

Newtonsche Axiome

Trägheitsprinzip (I. Axiom)	**Ein Körper, auf den keine Kraft wirkt, behält Betrag und Richtung seiner Geschwindigkeit bei.**		
	$\vec{v} = konst.$, wenn $\vec{F}_{\text{res}} = \vec{0}$	$\vec{v}$	Geschwindigkeit
		$\vec{F}_{\text{res}}$	resultierende Kraft
Aktionsprinzip (II. Axiom)	**Die Änderung des Bewegungszustandes ist proportional zur wirkenden Kraft und erfolgt in der Richtung, in der die Kraft wirkt.**		
	$\vec{F}_{\text{res}} = m\vec{a}$	$\vec{F}_{\text{res}}$	resultierende Kraft
		m	Masse
		$\vec{a}$	Beschleunigung
Wechselwirkungsprinzip, "Actio = Reactio" (III. Axiom)	**Wirkt ein Körper 1 auf einen Körper 2 mit der Kraft $\vec{F}_{21}$ ein, so wirkt stets der Körper 2 auf den Körper 1 mit einer gleich grossen, entgegengesetzt gerichteten Kraft $\vec{F}_{12}$ ein.**		
	$\vec{F}_{12} = -\vec{F}_{21}$		

Isaac Newton (1643 – 1727)

Spezielle Kräfte

Gewichtskraft (Gewicht)	$F_G = mg$	g	Fallbeschleunigung, Ortsfaktor Erde: $g \approx 9.81\,\text{m/s}^2 = 9.81\,\text{N/kg}$
Federkraft (Hookesches Gesetz)	$F_F = Dy$	D	Federkonstante
		y	Längenänderung, Längenunterschied zwischen gespannter und ungespannter Feder
Normalkraft	Die Kraft, mit der zwei Körper senkrecht zur Berührungsfläche aufeinander einwirken, heisst Normalkraft F_N.		
Gleitreibungskraft	$F_R = \mu_G \cdot F_N$	μ_G	Gleitreibungszahl (vgl. 101, *24.1*)
Haftreibungskraft	$F_R \leq \mu_H \cdot F_N$	μ_H	Haftreibungszahl (vgl. 101, *24.1*)
Auftriebskraft	(vgl. 88: Auftriebskraft)		
Gravitationskraft	(vgl. 86: Gravitationsgesetz)		
Coulombkraft	(vgl. 95: Coulombsches Kraftgesetz)		
Lorentzkraft	(vgl. 98: Lorentzkraft)		

Gleichförmige Kreisbewegung

Zentripetalkraft

$$F_Z = ma_z = mr\omega^2 = \frac{mv^2}{r}$$

r Bahnradius
ω Winkelgeschwindigkeit
v Bahngeschwindigkeit
a_z Zentripetalbeschleunigung

(vgl. 82: Zentripetalbeschleunigung)

Impuls

Impuls

$$\vec{p} = m\vec{v}$$

m Masse
$\vec{v}$ Geschwindigkeit

Kraftstoss

$$\vec{F}\Delta t = \Delta\vec{p}$$

$\vec{F}$ konstante Kraft
Δt Zeitspanne
$\Delta\vec{p}$ Impulsänderung

Impulserhaltungssatz

> Der Gesamtimpuls $\vec{p}_{\text{tot}}$ in einem abgeschlossenen System hat einen konstanten Betrag und eine konstante Richtung. Er wird von Vorgängen im System nicht beeinflusst.

$$\vec{p}_{\text{tot}} = \vec{p}_1 + \vec{p}_2 + \ldots + \vec{p}_n = \sum_{i=1}^{n} \vec{p}_i = konst.$$

$\vec{p}_1, \vec{p}_2, \ldots$ Einzelimpulse

Arbeit

Arbeit (konstante Kraft)

$$W = F_s \cdot s$$

F_s Kraft in Wegrichtung
s Wegstrecke

$$F_s = F\cos\alpha$$

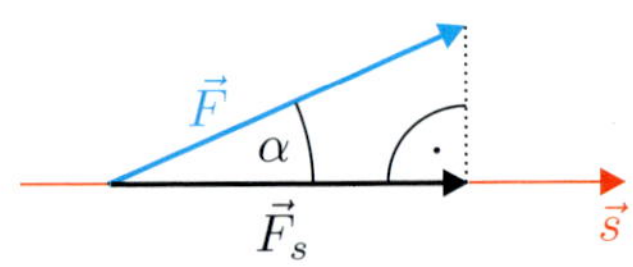

Arbeit (Skalarprodukt)

$$W = \vec{F} \cdot \vec{s}$$

(vgl. 46: Skalarprodukt)

Arbeit (Kraft-Weg-Diagramm)

Wird die Kraft in Wegrichtung F_s in einem Diagramm als Funktion des Weges aufgetragen, so entspricht die zwischen den Wegkoordinaten s_1 und s_2 verrichtete Arbeit W der markierten Fläche.

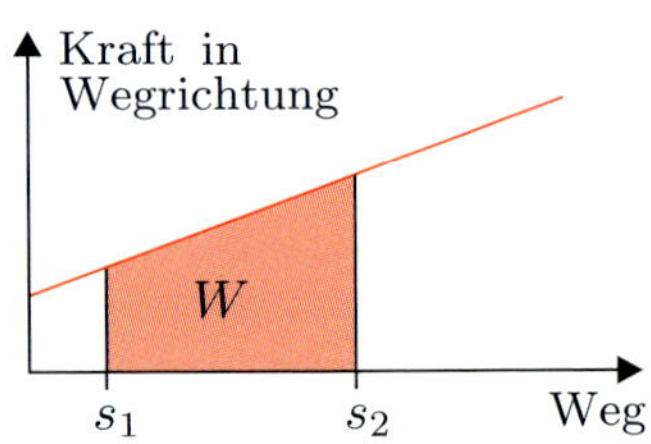

(vgl. 58: Bestimmtes Integral)

Mechanische Energie

Energie	Die Energie ist eine Zustandsgrösse eines Systems, die zunimmt, wenn von aussen Arbeit am System verrichtet wird, und die abnimmt, wenn das System nach aussen Arbeit verrichtet.		
	$\Delta E = W$	ΔE W	Energieänderung Arbeit
Kinetische Energie/ Bewegungsenergie	$E_{\text{kin}} = \frac{1}{2}mv^2$	m v	Masse Geschwindigkeit
Potentielle Energie/ Lageenergie	$E_{\text{pot}} = mgh$	g h	Fallbeschleunigung, Ortsfaktor Erde: $g \approx 9.81\,\text{m/s}^2$ Höhe über Bezugsniveau
Energie einer gespannten Feder	$E_F = \frac{1}{2}Dy^2$	D y	Federkonstante Längenänderung (vgl. 83: Federkraft)
Energieerhaltungs-satz	Die Gesamtenergie E_{tot} in einem abgeschlossenen System hat einen konstanten Wert, der von Vorgängen im System nicht beeinflusst wird.		
	$E_{\text{tot}} = E_1 + E_2 + \ldots + E_n = \sum_{i=1}^{n} E_i = konst.$	$E_1, E_2, \ldots$	Einzelenergien

Leistung

Mittlere Leistung	$P = \dfrac{\Delta W}{\Delta t}$	ΔW	Arbeit, die in der Zeitspanne Δt verrichtet wird
Wirkungsgrad	$\eta = \dfrac{\Delta E_{\text{nutz}}}{\Delta E_{\text{auf}}}$	ΔE_{nutz} ΔE_{auf}	abgegebene Nutzenergie aufgenommene Energie

19.3 Gravitation

Gravitationsgesetz (nach Newton) $F_G = G\,\dfrac{m_1 m_2}{r^2}$

F_G Gravitationskraft
m_1, m_2 punktförmige oder kugelsymmetrische Massen
r Abstand der Massenmittelpunkte
G Gravitationskonstante ($G \approx 6.67 \cdot 10^{-11}\,\mathrm{Nm^2/kg^2}$)

Kepler'sche Gesetze

I. Bahnkurve

Planeten bewegen sich auf Ellipsen. Die Sonne steht in einem Brennpunkt der Ellipse.

(vgl. 43: Ellipse)

Johannes Kepler (1571 – 1630)

II. Flächensatz

Die Verbindungslinie zwischen Sonne und Planet überstreicht in gleichen Zeitintervallen Δt gleiche Flächeninhalte ΔA.

$$\frac{\Delta A_1}{\Delta t_1} = \frac{\Delta A_2}{\Delta t_2}$$

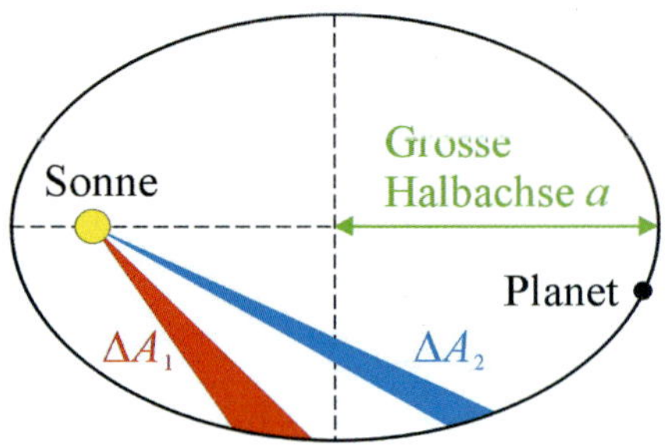

III. Verhältnis der Umlaufzeiten

Die Quadrate der Umlaufzeiten zweier Planeten verhalten sich wie die Kuben ihrer grossen Halbachsen (bzw. Radien bei Kreisbahnen).

$$\frac{T_1^2}{T_2^2} = \frac{a_1^3}{a_2^3} \quad \text{oder} \quad \frac{a^3}{T^2} = konst.$$

T Umlaufzeit
a grosse Halbachse

(vgl. 109, *30.3*)
(vgl. 16: Potenzgesetze)

19.4 Statik

Gleichgewicht

Kräftegleichgewicht

Mehrere Kräfte, die an einem Punkt angreifen, sind im Gleichgewicht, wenn die resultierende Kraft $\vec{F}_{\text{res}}$ null ist.

$$\vec{F}_{\text{res}} = \vec{F}_1 + \vec{F}_2 + \ldots + \vec{F}_n = \sum_{i=1}^{n} \vec{F}_i = \vec{0}$$

$\vec{F}_1, \vec{F}_2, \ldots$ Einzelkräfte (vgl. 33: Vektoren)

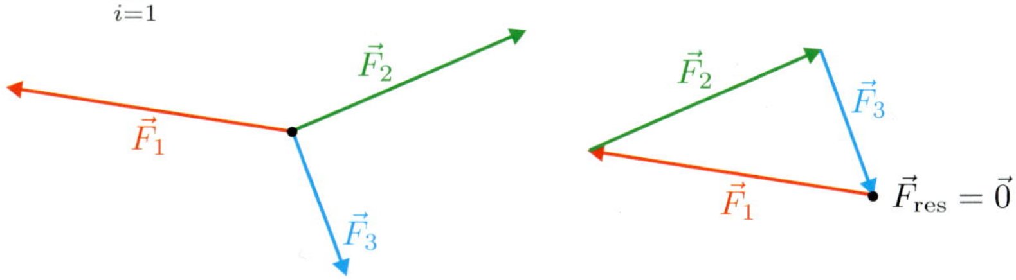

Drehmoment (Betrag)

$$M = Fr$$

F Kraft ($\perp$ zur Drehachse)

r Kraftarm: Abstand der Drehachse von der Wirkungslinie der Kraft

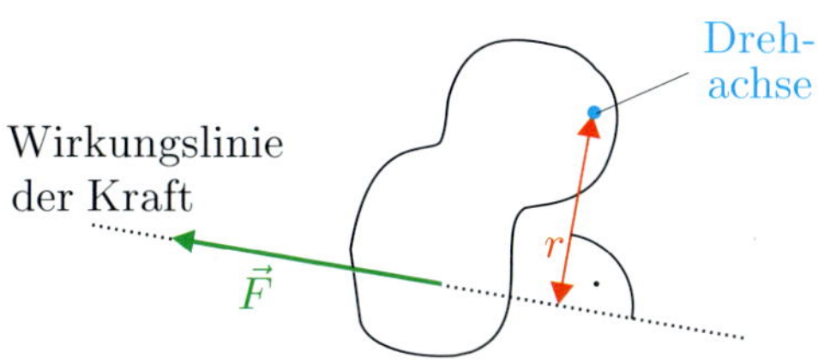

Drehmomentgleichgewicht (starre Achse)

Mehrere Drehmomente im Gegenuhrzeigersinn (positives Vorzeichen) und im Uhrzeigersinn (negatives Vorzeichen) sind im Gleichgewicht, wenn das Gesamtdrehmoment M_{tot} null ist.

$$M_{\text{tot}} = M_1 + M_2 + \ldots + M_n = \sum_{i=1}^{n} M_i = 0$$

$M_1, M_2, \ldots$ Einzeldrehmomente

Hebelgesetz (Spezialfall des Drehmomentgleichgewichts)

$$F_1 r_1 = F_2 r_2$$

$F_{1,2}$ Kräfte ($\perp$ zur Drehachse)

$r_{1,2}$ Kraftarme (siehe Drehmoment)

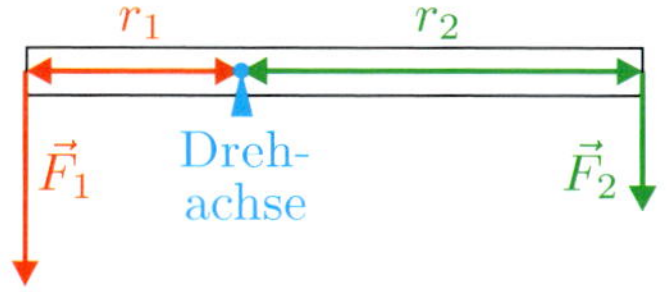

Zweiseitiger Hebel

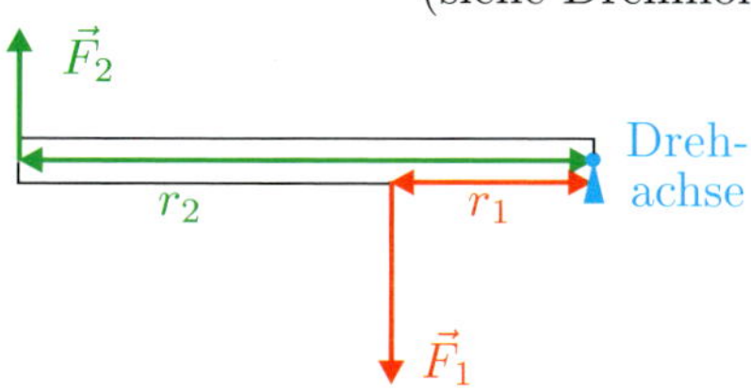

Einseitiger Hebel

Hydrostatik

Dichte (vgl. 101, *24.2*)	$\varrho = \frac{m}{V}$	m V	Masse Volumen
Druck	$p = \frac{F}{A}$	F A ϱ	Kraft ($\perp$ zur Fläche) Fläche Dichte der Flüssigkeit
Schweredruck/ Hydrostatischer Druck	$p = \varrho g h$	g h	Fallbeschleunigung, Ortsfaktor Erde: $g \approx 9.81\,\mathrm{m/s^2}$ Tiefe, Abstand von der Oberfläche, Höhe der Flüssigkeitssäule
Auftriebskraft/ Auftrieb	$F_A = \varrho g V_E$	V_E	eingetauchtes Volumen, Volumen der verdrängten Flüssigkeit

19.5 Schwingungen und Wellen

Harmonische Schwingungen (vgl. 29, *6.5*)

Frequenz	$f = \frac{1}{T}$	T	Periode, Schwingungsdauer
Kreisfrequenz	$\omega = \frac{2\pi}{T} = 2\pi f$		
Elongation/ Momentane Auslenkung	$y = \hat{y} \cdot \sin(\omega t + \varphi_0)$	$\hat{y}$ t φ_0 $\omega t + \varphi_0$	Amplitude Zeit Nullphase Phase
Kraftgesetz	$\vec{F} = -k\vec{y}$	k	Richtgrösse (z. B. für Feder $k = D$)
Schwingungsdauer	$T = 2\pi\sqrt{\frac{m}{k}}$	m	Masse
Mathematisches Pendel (masseloser Faden, Punktmasse, Näherung für kleine Amplituden)	$T \approx 2\pi\sqrt{\frac{l}{g}}$	l g	Fadenlänge Fallbeschleunigung, Ortsfaktor Erde: $g \approx 9.81\,\mathrm{m/s^2}$

Wellen

Longitudinalwelle

(Bei einer Longitudinalwelle erfolgt die Elongation der Schwinger und die Ausbreitungsrichtung der Wellen auf einer Linie)

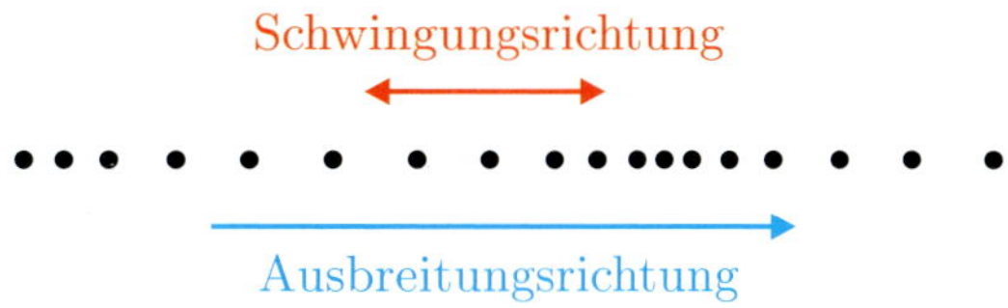

Transversalwelle

(Bei einer Transversalwelle stehen die Elongation der Schwinger und die Ausbreitungsrichtung der Welle senkrecht zueinander)

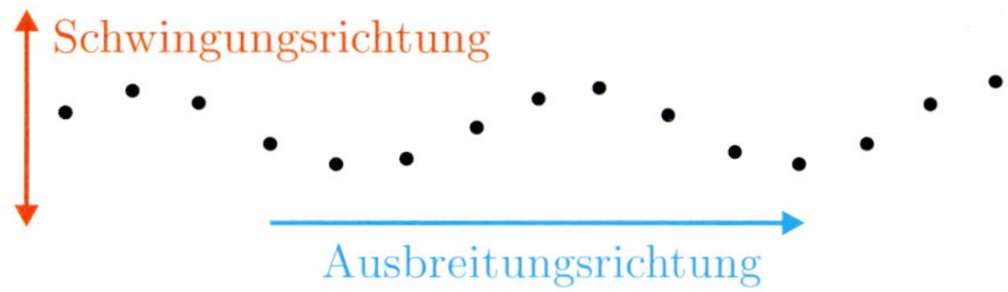

Wellenlänge $\lambda = \dfrac{c}{f}$

Wellenzahl $k = \dfrac{2\pi}{\lambda}$

c Ausbreitungsgeschwindigkeit
f Frequenz

Sinuswelle

$$y(x,t) = \hat{y} \cdot \sin\Big(2\pi\Big(\frac{t}{T} - \frac{x}{\lambda}\Big)\Big)$$

$$y(x,t) = \hat{y} \cdot \sin(\omega t - kx)$$

$$y(x,t) = \hat{y} \cdot \sin\Big(\omega\Big(t - \frac{x}{c}\Big)\Big)$$

y Elongation
$\hat{y}$ Amplitude
x Ortskoordinate
t Zeit
T Periode, Schwingungsdauer
ω Kreisfrequenz

Graphische Darstellung

Elongation eines Oszillators als Funktion der Zeit t.

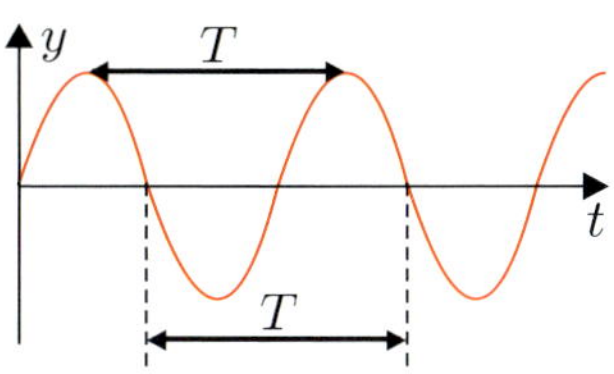

Momentaufnahme einer Welle, Elongation als Funktion der Ortskoordinate x.

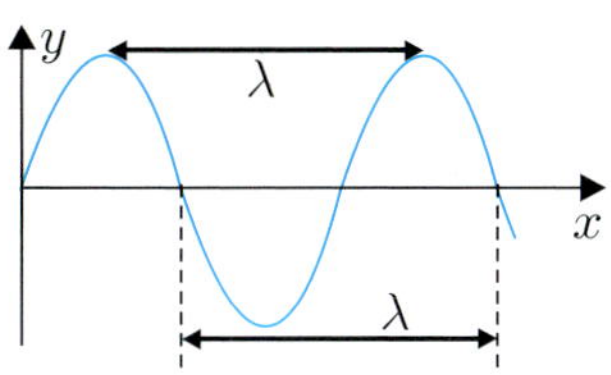

Dopplereffekt (klassisch)

$$f_B = f_S \cdot \frac{c \pm v_B}{c \mp v_S}$$

Oberes Vorzeichen für Annäherung

f_B beobachtete Frequenz
f_S Senderfrequenz
v_B Geschwindigkeit des Beobachters
v_S Geschwindigkeit des Senders

20 Wärmelehre

Temperatur	**Die Temperatur ist ein Mass für den Wärmezustand eines Systems. Sie wird durch die mittlere Bewegungsenergie der Teilchen bestimmt.**		
Celsius-Temperatur	$\vartheta\,(\text{in }^\circ\text{C}) = T - T_n\,(\text{in K})$	T_n	Normtemperatur
Absolute Temperatur	$T\,(\text{in K}) = \vartheta + 273.15\,(\text{in }^\circ\text{C})$	$T_n = 273.15$ K	
Temperaturdifferenz	$\Delta\vartheta = \Delta T$ (gleiche Skalenteilung)		
Längenänderung (Festkörper)	$\Delta l \approx \alpha l \Delta T$	α	Längenausdehnungskoeffizient (vgl. 102, *25.1*)
Volumenänderung (Festkörper)	$\Delta V \approx 3\alpha V \Delta T$	ΔT	kleine Temperaturänderung
Volumenänderung (Flüssigkeiten)	$\Delta V \approx \gamma V \Delta T$	γ	Volumenausdehnungskoeffizient (vgl. 102, *25.1*)

Ideales Gas	**In einem idealen Gas fliegen die Teilchen ohne gegenseitige Wechselwirkungen und ohne Eigenvolumen umher. Die Stösse gegen Hindernisse erfolgen vollkommen elastisch.**		
Zustandsgleichung	$pV = NkT = nRT$	p	Druck
		V	Volumen
Boltzmann-Konstante	$k = \dfrac{R}{N_A}$ (vgl. Umschlag, *33*)	N	Teilchenzahl in V
		R	universelle Gaskonstante (vgl. Umschlag, *33*)
Stoffmenge in Mol	$n = \dfrac{N}{N_A} = \dfrac{m}{M}$	m	Gasmasse
Molare Masse (vgl. 110, *31.1*)	$M = N_A m_T$	m_T	Masse eines Teilchens
		N_A	Avogadro-Konstante (vgl. Umschlag, *33*)

Gesetze speziell für konstante Gasmengen

von Boyle-Mariotte	$pV = konst.$	bei konstanter Temperatur (isotherm)
von Gay-Lussac	$\dfrac{V}{T} = konst.$	bei konstantem Druck (isobar)
von Amontons	$\dfrac{p}{T} = konst.$	bei konstantem Volumen (isochor)

Teilchenbewegung	$\overline{E_k} = \dfrac{3}{2}kT = \dfrac{1}{2}m_T\overline{v^2}$	$\overline{E_k}$	Mittlere Bewegungsenergie eines Teilchens
Gasdruck	$p = \dfrac{2}{3}\dfrac{N}{V}\overline{E_k}$	k	Boltzmann-Konstante (vgl. Umschlag, *33*)
		$\overline{v^2}$	Mittelwert des Geschwindigkeitsquadrates

Luftfeuchtigkeit — **Die Luftfeuchtigkeit gibt den gasförmigen Wassergehalt der Luft an.**

Absolute Luftfeuchtigkeit	$\varphi_a = \varrho_W$	ϱ_W Wasserdampfdichte ϱ_s Sättigungsdampfdichte (vgl. 103, *25.5*)
Relative Feuchtigkeit	$\varphi_r = \dfrac{\varrho_W}{\varrho_s}$	

Taupunkt: Die Lufttemperatur ϑ in °C, bei der die vorhandene Wasserdampfdichte der Sättigungsdampfdichte entspricht, heisst Taupunkt τ. (vgl. 103, *25.5*)

Wärme — **Wärme bezeichnet die Energiemenge, die mit einer Temperaturänderung, einer Phasenänderung oder einer chemischen Reaktion verbunden ist. Sie beschreibt eine Form des Energieaustausches eines Systems mit seiner Umgebung.**

Temperaturänderung	$Q = cm\Delta T = Cn\Delta T$	Q Wärme, Wärmemenge c spezif. Wärmekapazität (vgl. 102, *25.1*) C molare Wärmekapazität (vgl. 102, *25.1*)
Schmelzen bzw. Erstarren	$Q = L_f m$	m Masse n Stoffmenge in Mol
Verdampfen bzw. Kondensieren	$Q = L_v m$	L_f spezif. Schmelzwärme (vgl. 102, *25.1*) L_v spezif. Verdampfungswärme (vgl. 102, *25.1*)
Verbrennung	$Q = Hm$	H Heizwert, Brennwert (vgl. 102, *25.2*)

Wärmetransporte

Wärmeleitung	$\dfrac{\Delta Q}{\Delta t} = -\lambda \dfrac{\Delta T}{\Delta x} A$	$\dfrac{\Delta Q}{\Delta t}$ Energie pro Zeit (Wärmestrom) λ Wärmeleitfähigkeit (vgl. 102, *25.1*; vgl. 103, *25.3*) Δx Schichtdicke ΔT Temperaturdifferenz A Querschnittsfläche

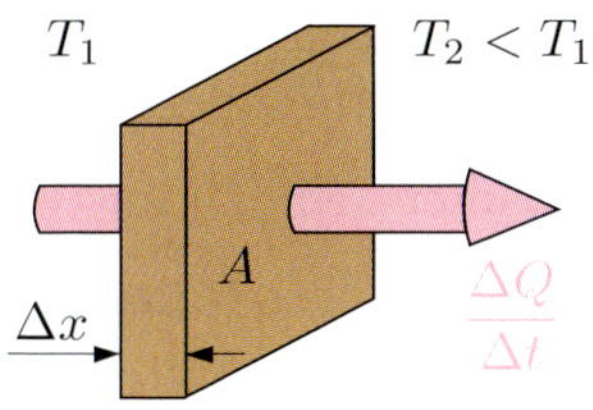

Konvektion	$\dfrac{\Delta Q}{\Delta t} \propto \Delta T \cdot A$	A von der Konvektion überstrichene Fläche
Wärmestrahlung	$\dfrac{\Delta Q}{\Delta t} = \varepsilon\sigma T^4 A$	ε Emissionszahl (vgl. 103, *25.4*) σ Stefan-Boltzmann-Konstante (vgl. Umschlag, *33*) T Oberflächentemperatur A Oberfläche

1. Hauptsatz (in gleichwertigen Formulierungen)

a. In einem abgeschlossenen System bleibt die Gesamtenergie konstant.
b. Energie kann nicht erzeugt, sondern nur umgewandelt und übertragen werden.
c. Es gibt kein Perpetuum mobile 1. Art.

1. Hauptsatz $\Delta U = Q + W$

Kompressionsarbeit $W = -p\Delta V$

ΔU Änderung der inneren Energie eines Systems
Q Energieaustausch mit der Umgebung in Form von Wärme
W Energieaustausch mit der Umgebung in Form von Arbeit (vgl. 84: Arbeit) (vgl. 58: Bestimmtes Integral)

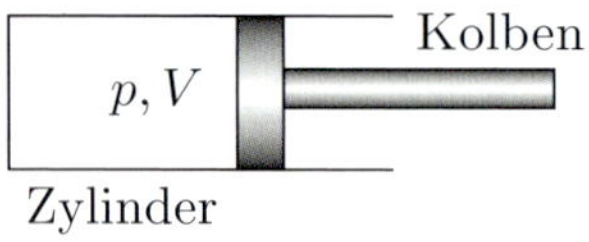

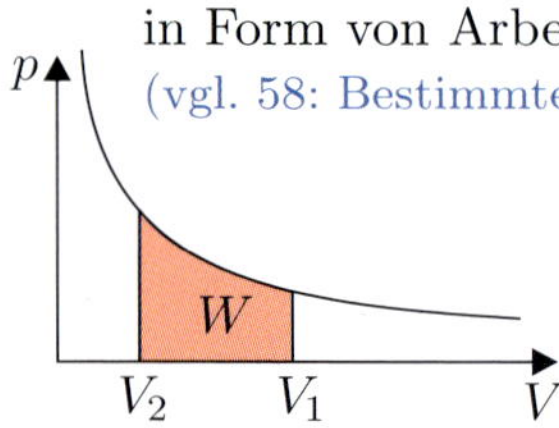

Thermodynamische Wirkungsgrade (vgl. 85: Wirkungsgrad)

Wärmekraftmaschinen (WKM)

Reale Maschine (Praxis) $\eta_{\text{real}} = \dfrac{W_N}{Q_W} = \dfrac{P_N}{P_W}$

Ideale Maschine (Theorie) $\eta_{\text{Carnot}} = \dfrac{T_W - T_K}{T_W}$

W_N Nutzarbeit
Q_W Antriebswärme
P_N Nutzleistung
P_W Antriebsleistung
T_W Temperatur der Antriebswärme (in K)
T_K Temperatur der Abwärme (in K)

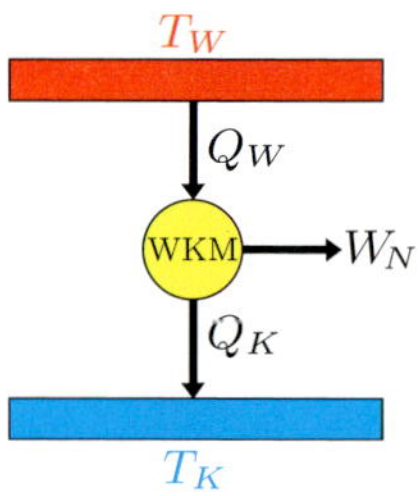

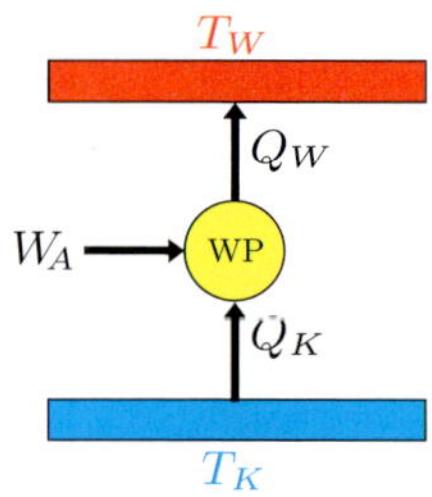

Wärmepumpen (WP)

Reale Maschine (Praxis) $\varepsilon_{\text{real}} = \dfrac{Q_W}{W_A} = \dfrac{P_W}{P_A}$

Ideale Maschine (Theorie) $\varepsilon_{\text{Carnot}} = \dfrac{T_W}{T_W - T_K}$

W_A Antriebsarbeit
Q_W Heizwärme
P_A Antriebsleistung
P_W Heizleistung
T_W Temperatur der Heizwärme (in K)
T_K Temperatur der Wärmequelle (in K)

2. Hauptsatz (in gleichwertigen Formulierungen)

a. Wärme strömt von selbst immer zu Orten mit tieferen Temperaturen.
b. Keine zyklisch arbeitende Einrichtung kann Wärme vollständig in mechanische Nutzenergie umwandeln; d. h., es gibt kein Perpetuum mobile 2. Art.
c. Abgeschlossene Systeme streben einen Zustand maximaler Unordnung bzw. grösster Wahrscheinlichkeit an (Prinzip der max. Entropie).

21 Geometrische Optik

Lichtstrahl

Ein Lichtstrahl ist ein sehr feines Lichtbündel, das sich in einem homogenen Medium geradlinig und mit konstanter Geschwindigkeit ausbreitet. Der Lichtweg ist umkehrbar.

Reflexion

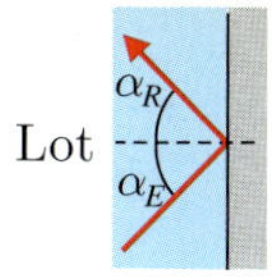

α_E Einfallswinkel
α_R Reflexionswinkel/Ausfallswinkel

Reflexionsgesetz

$\alpha_E = \alpha_R$

Brechung (beim Übergang vom optisch dünneren Medium 1 ins optisch dichtere Medium 2)

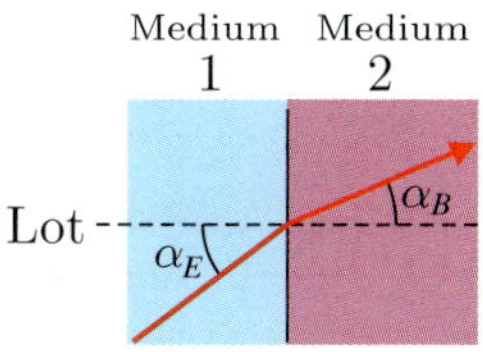

α_E Einfallswinkel
α_B Brechungswinkel
n_{12} Brechzahl der Medienkombination
n_1, n_2 Brechzahlen der Medien (vgl. 103, *26.1*; *26.2*)
c_1, c_2 Lichtgeschwindigkeiten in den Medien

Brechungsgesetz

$$\frac{\sin\alpha_E}{\sin\alpha_B} = n_{12} = \frac{n_2}{n_1} = \frac{c_1}{c_2}$$

Lichtgeschwindigkeit in einem Medium

$$c_M = \frac{c}{n}$$

c Lichtgeschwindigkeit im Vakuum (vgl. Umschlag, *33*)

Linsen

Brennpunkt und Brennweite

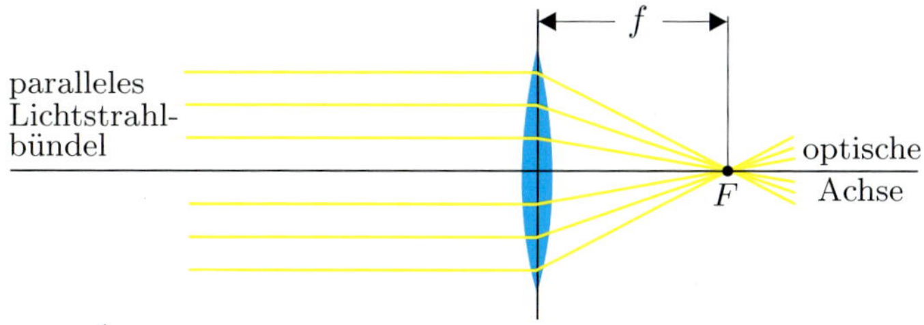

Brechkraft einer Linse

$$D = \frac{1}{f}$$

F Brennpunkt (Fokus)
f Brennweite

Brennweite einer dünnen Linse

$$\frac{1}{f} \approx (n-1)\cdot\left(\frac{1}{r_1} + \frac{1}{r_2}\right)$$

n Brechzahl des Linsenmaterials (vgl. 103, *26.1*)
r_1, r_2 Krümmungsradien der beiden Linsenflächen

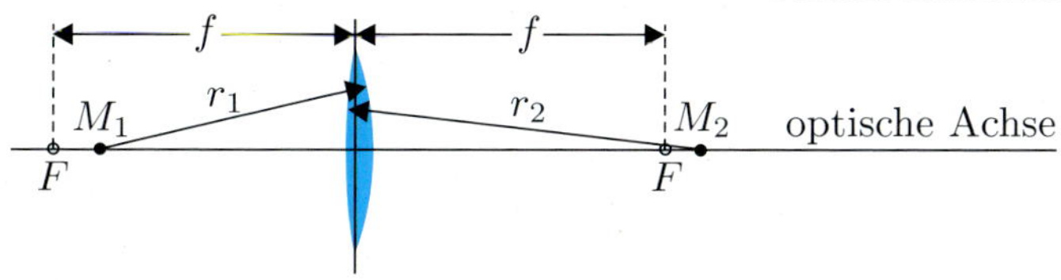

Linsenformel	$\frac{1}{f} = \frac{1}{g} + \frac{1}{b}$	f Brennweite g Gegenstandsweite b Bildweite

Bildkonstruktion (mit Parallel-, Mittelpunkt- und Brennstrahlen)

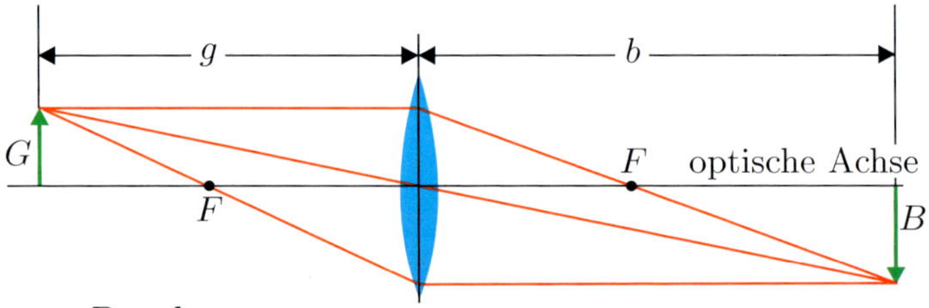

Abbildungsmassstab	$A = \frac{B}{G} = \frac{b}{g}$ (vgl. 24: Strahlensätze)	F Brennpunkt G Gegenstandsgrösse B Bildgrösse

Vergrösserung

Lupe	$V_L = \frac{s}{f_L}$	s deutliche Sehweite Normwert: $s = 250\,\text{mm}$
Mikroskop	$V_M = \frac{t}{f_{\text{Ob}}} \cdot \frac{s}{f_{\text{Ok}}}$	f Brennweite von Lupe, Objektiv bzw. Okular
Fernrohr	$V_F = \frac{f_{\text{Ob}}}{f_{\text{Ok}}}$	t Tubuslänge: Abstand der einander zugekehrten Brennpunkte von Objektiv und Okular

Mikroskopaufbau

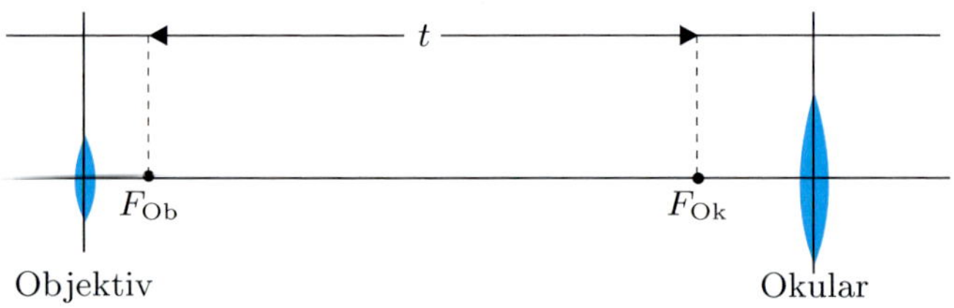

Linsenfernrohr

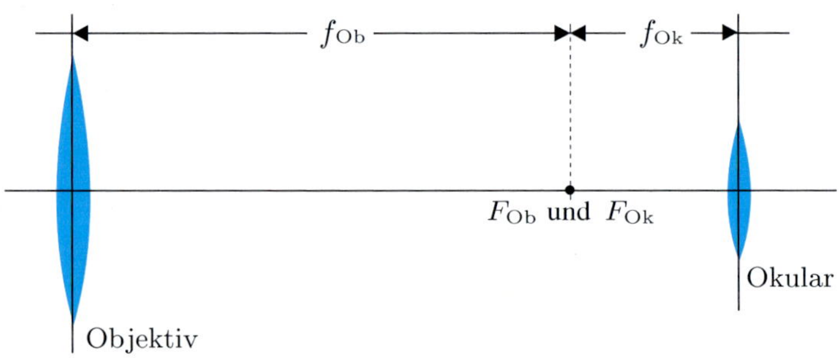

22 Elektrizitätslehre

22.1 Elektrostatik

Ladungserhaltungssatz	$Q_{\text{tot}} = Q_1 + Q_2 + \ldots + Q_n$ $Q_{\text{tot}} = \sum_{i=1}^{n} Q_i = konst.$	$Q_1, Q_2, \ldots$ Q_{tot}	Einzelladungen Gesamtladung im abgeschlossenen System
Kräfte zwischen Ladungen	**Gleichnamige Ladungen stossen einander ab. Ungleichnamige Ladungen ziehen einander an.**		
Coulombsches Kraftgesetz (für Punktladungen)	$F_C = \frac{1}{4\pi\varepsilon} \frac{\lvert Q_1 Q_2 \rvert}{r^2}$ $\varepsilon = \varepsilon_0 \varepsilon_r$	F_C Q_1, Q_2 r ε_0 ε_r	Coulombkraft Punktladungen Abstand zwischen den Punktladungen Elektrische Feldkonstante $\varepsilon_0 \approx 8.85 \cdot 10^{-12}\ \text{CV}^{-1}\text{m}^{-1}$ Dielektrizitätszahl (vgl. 104, *27.2*)
Elektrische Feldstärke	$\vec{E} = \frac{\vec{F}}{q}$	q $\vec{F}$	Probeladung Kraft, die auf die Probeladung wirkt

Ein elektrisches Feld kann durch Feldstärkevektoren $\vec{E}$ oder durch Feldlinien dargestellt werden.

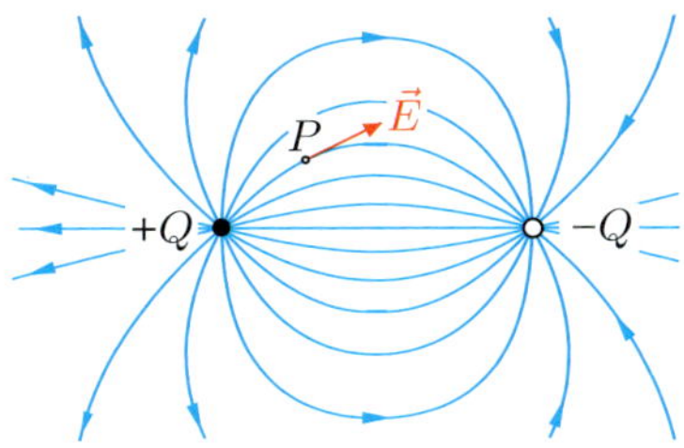

Spannung	$U_{AB} = \frac{W_{AB}}{q}$	W_{AB}	Arbeit des elektrischen Feldes zum Verschieben der Probeladung q von Punkt A nach Punkt B.
Spannung im homogenen Feld	$U_{AB} = \vec{E} \cdot \vec{s} = Es\cos\alpha$ (vgl. 46: Skalarprodukt)	$\vec{E}$ s α	elektrische Feldstärke Strecke AB Winkel zwischen Feldrichtung und Strecke AB
Kapazität	$C = \frac{Q}{U}$		

Plattenkondensator

Kapazität eines Plattenkondensators	$C = \varepsilon \dfrac{A}{d}$ $\quad d \ll \sqrt{A}$	A Fläche einer Platte d Plattenabstand ε_0 Elektrische Feldkonstante $\varepsilon_0 \approx 8.85 \cdot 10^{-12}\ \mathrm{CV^{-1}m^{-1}}$
Feldstärke im Plattenkondensator	$E = \dfrac{Q}{\varepsilon A} = \dfrac{U}{d}$ $\quad \varepsilon = \varepsilon_0 \varepsilon_r$	
Energie des geladenen Kondensators	$E_{\text{Kond}} = \dfrac{1}{2} QU = \dfrac{1}{2} CU^2$	ε_r Dielektrizitätszahl (vgl. 104, *27.2*)

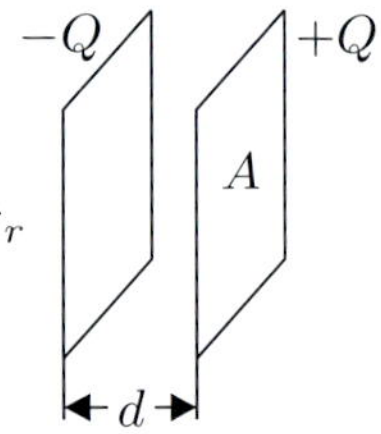

22.2 Elektrischer Stromkreis

Stromstärke	$I = \dfrac{\Delta Q}{\Delta t}$	$\dfrac{\Delta Q}{\Delta t}$ Ladung pro Zeiteinheit
Stromstärke in einem Leiter	$I = nqvA$	n Ladungsträgerdichte q Ladung eines Trägers v Driftgeschwindigkeit A Querschnittfläche des Leiters

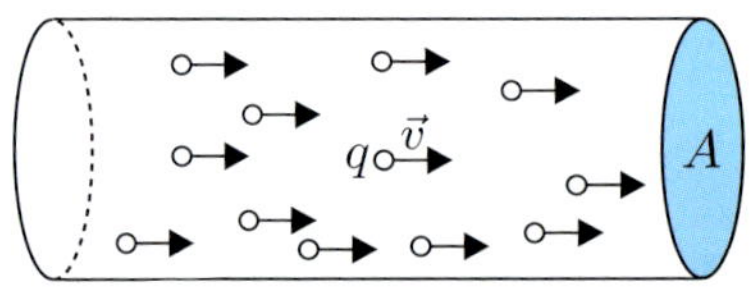

Technische Stromrichtung

Die technische Stromrichtung verläuft vom Plus- zum Minuspol der Spannungsquelle. Sie ist der Elektronenbewegung entgegengerichtet.

(vgl. 98: Kraft auf einen stromdurchflossenen geraden Leiter)

Grundgesetz der Elcktrolyse	$m = \dfrac{MQ}{zF}$	m abgeschiedene Masse M molare Masse (vgl. 110, *31.1*) Q totale transportierte Ladung z Ionenwertigkeit (vgl. 110, *31.1*) F Faraday-Konstante (vgl. Umschlag, *33*)
Widerstand	$R = \dfrac{U}{I}$	U Spannung I Stromstärke
Widerstand eines Drahtes	$R = \varrho_{\text{el}} \dfrac{l}{A}$	l Länge des Drahtes A Querschnittfläche des Drahtes ϱ_{el} spezifischer Widerstand (vgl. 104, *27.1*)

Ohmsches Gesetz

Spannung U und Stromstärke I sind proportional zueinander.

$$U = RI \qquad \frac{U}{I} = R = konst.$$

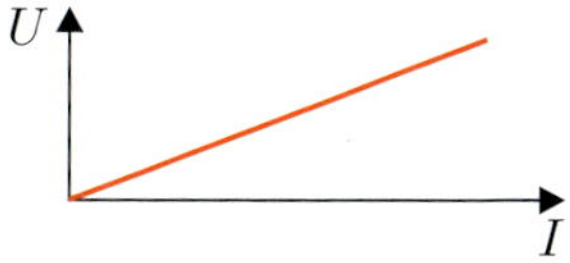

Die Steigung der Geraden entspricht dem Widerstand.
(vgl. 12: Proportionalität)

Georg Simon Ohm
(1789 – 1854)

Kombination von Widerständen

Serienschaltung/
Reihenschaltung

$$R = R_1 + R_2 + \ldots + R_n \qquad U = U_1 + U_2 + \ldots + U_n$$

$$R = \sum_{i=1}^{n} R_i \qquad I = I_1 = I_2 = \ldots = I_n$$

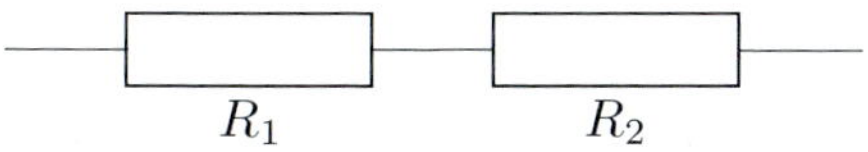

Parallelschaltung

$$\frac{1}{R} = \frac{1}{R_1} + \frac{1}{R_2} + \ldots + \frac{1}{R_n} \qquad U = U_1 = U_2 = \ldots = U_n$$

$$\frac{1}{R} = \sum_{i=1}^{n} \frac{1}{R_i} \qquad I = I_1 + I_2 + \ldots + I_n$$

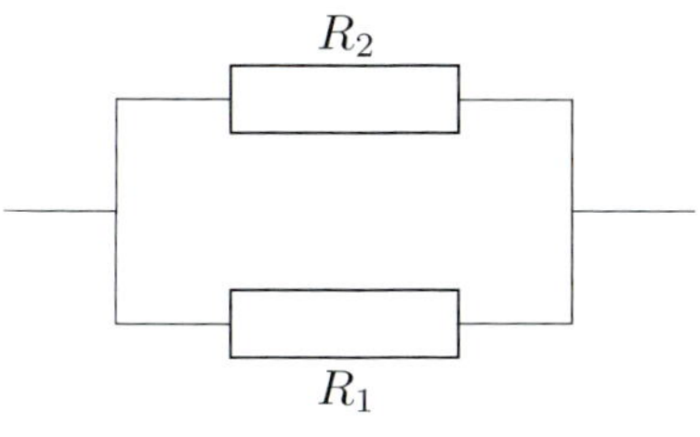

Elektrische Arbeit $\quad W = UI\Delta t = P\Delta t$

Elektrische Leistung $\quad P = UI$

Joulesche Wärme $\quad W = RI^2\Delta t = \dfrac{U^2}{R}\Delta t$

U Spannung
I Stromstärke
R Widerstand

22.3 Elektromagnetismus

Lorentzkraft (Kraft auf bewegte Ladung)

$F_L = qvB \cdot \sin\varphi$

$\vec{F}_L = q(\vec{v} \times \vec{B})$

(vgl. 46: Vektorprodukt)

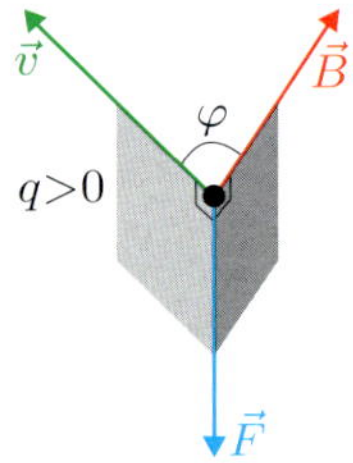

- q bewegte Ladung
- v Geschwindigkeit des geladenen Teilchens
- B magnetische Flussdichte (magnetische Feldstärke)
- φ Winkel zwischen der Feldrichtung und der Geschwindigkeit

Kraft auf einen stromdurchflossenen geraden Leiter im homogenen Magnetfeld

$F = IsB \cdot \sin\varphi$

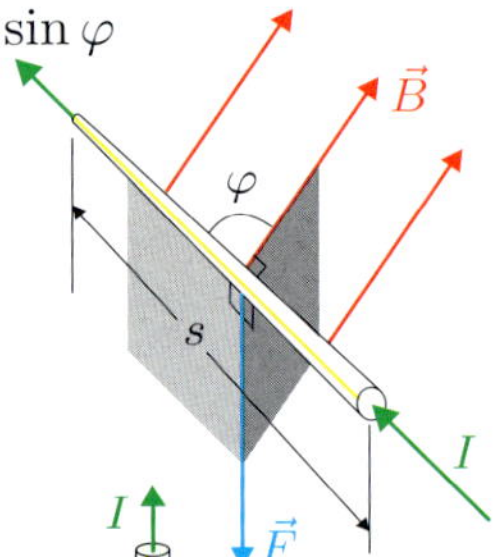

- I Stromstärke
- s Länge des Leiterstücks
- φ Winkel zwischen der Feldrichtung und der technischen Stromrichtung

Magnetische Flussdichte eines unendlich langen und geraden stromdurchflossenen Leiters

$$B = \frac{\mu_0 I}{2\pi r}$$

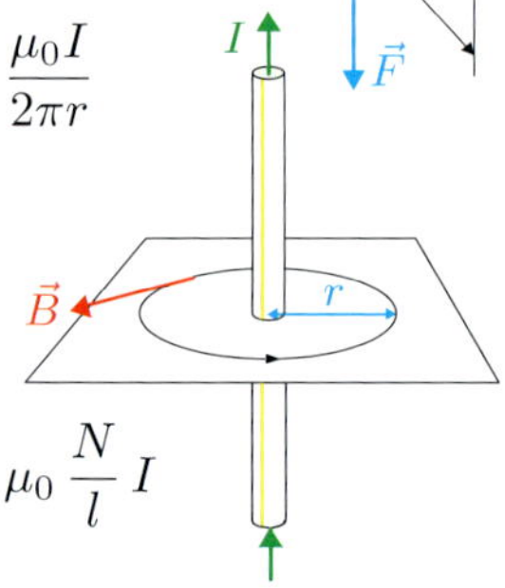

- I Stromstärke
- r senkrechter Abstand vom Leiter
- μ_0 magnetische Feldkonstante
- $\mu_0 = 4\pi \cdot 10^{-7}\ \mathrm{VsA^{-1}m^{-1}}$

Magnetische Flussdichte im Inneren einer langen, schlanken stromdurchflossenen Spule

$$B \approx \mu_0 \frac{N}{l} I$$

- N Windungszahl
- l Länge der Spule

Magnetischer Fluss

$\Phi = BA\cos\alpha$

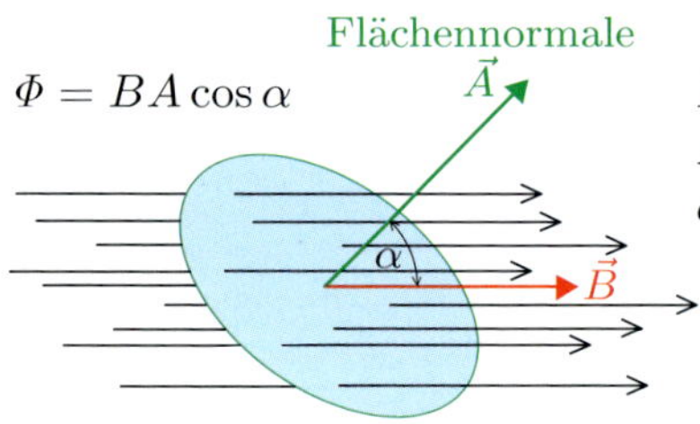

- B homogenes Feld
- A durchflossene Fläche
- α Winkel zwischen der Flächennormalen und der magnetischen Flussdichte

Elektromagnetische Induktion

Ändert sich der magnetische Fluss durch die Fläche einer Leiterschleife bzw. einer Spule, so wird eine Spannung induziert. Der Induktionsstrom ist seiner Ursache stets entgegengerichtet (lenzsche Regel).

Induktionsgesetz

$$U_{\text{ind}} = -N\,\frac{\Delta\Phi}{\Delta t}$$

- N Windungszahl

23 Moderne Physik

23.1 Spezielle Relativitätstheorie

Einsteins Postulate	Die Lichtgeschwindigkeit im Vakuum hat in jedem Inertialsystem denselben Wert. Alle Inertialsysteme sind gleichwertig.		
Relativitätsfaktor	$\gamma = \frac{1}{\sqrt{1-\left(\frac{v}{c}\right)^2}}$	c	Lichtgeschwindigkeit im Vakuum
Zeitdilatation	$\Delta t = \gamma \Delta t_0$	$\Delta t, l, m_{\text{rel}}$	Grössen im System, in dem sich das Objekt bewegt
Längenkontraktion	$l = \frac{l_0}{\gamma}$	$\Delta t_0, l_0, m_0$	Grössen im System, in dem das Objekt ruht
Relativistische Masse	$m_{\text{rel}} = \gamma m_0$	m_0	Ruhemasse des Teilchens
Ruheenergie	$E_0 = m_0 c^2$		
Masse-Energie-Beziehung	$E = \gamma m_0 c^2 = m_{\text{rel}} c^2 = E_0 + E_{\text{kin}}$	E E_0	Gesamtenergie Ruheenergie

23.2 Quantenphysik

Energie des Photons	$E = hf$	h $h \approx 6.63 \cdot 10^{-34}$ Js f	Plancksches Wirkungsquantum Frequenz der elektromagnetischen Strahlung
Äusserer Photoeffekt	$hf = W_A + \frac{1}{2}mv^2$	W_A $\frac{1}{2}mv^2$	Elektronenaustrittsarbeit (vgl. 105, *28.1*) kinetische Energie des Elektrons
De Broglie-Wellenlänge	$\lambda = \frac{h}{p}$	λ p	Wellenlänge Impuls
Heisenbergsche Unschärferelation, Unbestimmtheitsrelation	$\Delta x \cdot \Delta p_x \geq \frac{h}{4\pi}$ $\Delta E \cdot \Delta t \geq \frac{h}{4\pi}$	Δx Δp_x ΔE Δt	Ortsunschärfe Impulsunschärfe bei gleichzeitiger Messung von Δx und Δp_x Energieunschärfe Zeitintervall, in dem ΔE gemessen wird

23.3 Atomphysik

Bohrsches Modell des Wasserstoffatoms

Bahnradien	$r_n = r_1 n^2$	$n = 1, 2, 3, \ldots$ $r_1 \approx 0.0529\,\text{nm}$ Bohrscher Radius
Energie des Elektrons im Niveau n	$E_n = E_1 \dfrac{1}{n^2}$	$E_1 \approx -13.6\,\text{eV}$
Bohrsche Frequenzbedingung	$hf = \|E_m - E_n\|$	$E_n > E_m$ Emission $E_n < E_m$ Absorption

23.4 Kernphysik

Nuklidsymbolik	${}^{A}_{Z}X$	X Elementsymbol A Massenzahl Z Kernladungszahl
Zerfallsgesetz	$N = N_0 e^{-\lambda t}$	N Anzahl Kerne λ Zerfallskonstante
	$T_{1/2} = \dfrac{\ln 2}{\lambda}$	$T_{1/2}$ Halbwertszeit (vgl. 51: Exponentialfunktionen; Logarithmusfunktionen; vgl. 105, *28.2*)

Wichtigste radioaktive Zerfallsarten

α-Zerfall	${}^{A}_{Z}X \rightarrow {}^{A-4}_{Z-2}X + \alpha$	α He-Kern
β^--Zerfall	${}^{A}_{Z}X \rightarrow {}^{A}_{Z+1}X + e^- + \bar{\nu}$	e^- Elektron aus dem Kern $\bar{\nu}$ Antineutrino
γ-Emission	$X^* \rightarrow X + \gamma$	X^* angeregter Kern γ elektromagnetische Strahlung

Dosimetrie

Aktivität	$A = \dfrac{\Delta N}{\Delta t}$	ΔN Anzahl Zerfälle im Zeitintervall Δt
Energiedosis	$D = \dfrac{\Delta E}{m}$	ΔE absorbierte Strahlungsenergie m absorbierende Masse
Äquivalentdosis	$H = q \cdot D$	q Qualitätsfaktor, hängt von der Strahlungsart und dem bestrahlten Gewebe ab

24 Mechanik

24.1 Reibungszahl μ (vgl. 83: Gleitreibungkraft; Haftreibungskraft)

Materialkombination	Gleit-reibung	Haft-reibung	Materialkombination	Gleit-reibung	Haft-reibung
Holz/Holz	0.4	0.6	Pneu/trockene Strasse	0.6	1.0
Stahl/Stahl	0.1	0.15	Pneu/nasse Strasse	0.3	0.5
Stahl/Eis	0.014	0.027	Pneu/Eis	0.05	0.1

24.2 Dichte ϱ (vgl. 88: Dichte)

Feste Stoffe bei 20 °C	kg/m³
Aluminium	2 700
Beton	2 200
Blei	11 340
Buchen- und Eichenholz (trocken)	700
Diamant	3 510
Eis (bei 0 °C)	917
Eisen	7 860
Glas	2 500
Gold	19 290
Graphit	2 240
Invar (64 % Fe, 36 % Ni)	8 000
Kalkstein (Marmor)	2 700
Kork	300
Kupfer	8 920
Messing (65 % Cu, 35 % Zn)	8 470
Natrium	970
Nickel	8 900
Paraffin	900
Platin	21 450
Plexiglas	1 180
Porzellan	2 400
Quarzglas	2 200
Silber	10 500
Silizium	2 420
Styropor	20
Tannenholz (trocken)	500
Uran	18 700
Wolfram	19 300
Ziegelstein	1 600
Zink	7 140
Zinn	7 290

Flüssigkeiten bei 20 °C		kg/m³
Aceton	$(CH_3)_2CO$	791
Benzol	C_6H_6	879
Benzin		744
Diethylether	$(C_2H_5)_2O$	714
Ethanol	C_2H_5OH	789
Glycerin	$C_3H_5(OH)_3$	1 261
Heizöl		840
Methanol	CH_3OH	792
Olivenöl		920
Quecksilber	Hg	13 546
Schwefelsäure	H_2SO_4	1 840
Tetrachlorkohlenstoff	CCl_4	1 594
Wasser	H_2O	998
Wasser, schwer	D_2O	1 105

Gase bei 0 °C und $1.013 \cdot 10^5$ Pa		kg/m³
Ammoniak	NH_3	0.771
Argon	Ar	1.784
Butan	C_4H_{10}	2.732
Erdgas		0.83
Helium	He	0.1785
Kohlendioxid	CO_2	1.977
Kohlenmonoxid	CO	1.250
Luft*		1.293
Methan	CH_4	0.717
Neon	Ne	0.900
Propan	C_3H_8	2.010
Sauerstoff	O_2	1.429
Schwefeldioxid	SO_2	2.926
Stickstoff	N_2	1.250
Wasserstoff	H_2	0.0899
Xenon	Xe	5.897

* 79 % N, 20 % O_2, 1 % Ar; Vol %

25 Wärme

25.1 Thermische Eigenschaften einiger Stoffe

α Längenausdehnungskoeffizient bei 20 °C
γ Volumenausdehnungskoeffizient bei 20 °C
c_p Spezifische Wärmekapazität bei 20 °C
C_p Molare Wärmekapazität bei 20 °C
(c_p, C_p: Werte bei konstantem Druck)

ϑ_f Schmelztemperatur
L_f spezif. Schmelzwärme
ϑ_V Siedetemperatur
L_v spezif. Verdampfungswärme
(ϑ_f, L_f, ϑ_V, L_v: bei Normaldruck)
λ Wärmeleitfähigkeit bei 20 °C (vgl. 103, *25.3*)

Festkörper	α $10^{-6}\,K^{-1}$	c_p $Jkg^{-1}\,K^{-1}$	ϑ_f °C	L_f $10^5\,Jkg^{-1}$	ϑ_V °C	L_v $10^5\,Jkg^{-1}$	λ $Wm^{-1}\,K^{-1}$
Aluminium	23.8	896	660.1	3.97	2467	109	239
Blei	31.3	129	327.4	0.23	1740	86	34.8
Eis (0 °C)	37.0	2100	0	3.338	100	22.5	2.2
Eisen	12.0	450	1535	2.77	2750	63.4	80
Glas	8.5	800					1.0
Invar	0.2 − 1.6	460	1427	5.15			11
Kupfer	16.8	383	1083	2.05	2567	47.9	390
Silber	19.7	235	960.8	1.045	2212	23.5	428
Silizium	7.6	705	1410	1.654	2355	140.5	153
Stahl V2A	16.0	510					14
Wolfram	4.3	134	3380	1.92	5660	43.5	177
Flüssigkeiten	γ $10^{-3}\,K^{-1}$	c_p $Jkg^{-1}\,K^{-1}$	ϑ_f °C	L_f $10^5\,Jkg^{-1}$	ϑ_V °C	L_v $10^5\,Jkg^{-1}$	λ $Wm^{-1}\,K^{-1}$
Aceton	1.49	2160	−94.86	0.98	56.25	5.25	0.162
Benzin		2020	−50...−30		67 ... 100		0.13
Ethanol	1.10	2430	−114.5	1.08	78.33	8.40	0.165
Glycerin	0.5	2390	18.4	2.01	290.5	8.54	0.285
Heizöl EL	0.92		−5		200 ... 350		0.14
Quecksilber	0.182	139	−38.87	0.118	356.58	2.85	8.2
Wasser	0.21	4182	0	3.338	100.0	22.56	0.598
Gase	C_p $Jmol^{-1}\,K^{-1}$	c_p $Jkg^{-1}\,K^{-1}$	ϑ_f °C	L_f $10^5\,Jkg^{-1}$	ϑ_V °C	L_v $10^5\,Jkg^{-1}$	λ $Wm^{-1}\,K^{-1}$
Ammoniak	36.8	2160	−77.7		−33.35	13.70	0.022
Helium	20.9	5230	−272.2	5	−268.93	20	0.143
Kohlendioxid	36.8	837	subl.	1.81	−78.45	1.37	0.015
Luft	29.1	1005			−191.4		0.024
Methan	35.6	2219	−182.52	0.59	−161.5	5.10	0.030
Sauerstoff	29.3	917	−218.79	0.14	−182.97	2.13	0.024
Stickstoff	29.1	1038	−210.00	0.26	−195.82	1.98	0.024
Wasserstoff	28.9	14320	−259.20	60	−252.77	450	0.171

25.2 Heizwert H_u * (ohne Kondensation des Wasserdampfes) in $MJkg^{-1}$

Braunkohle	8.9	Benzin	42	Butan	45.7
Holz, trocken	15.5	Ethanol	26.7	Erdgas	38
Steinkohle	29.3	Heizöl	42.7	Wasserstoff	120

*Der Brennwert H_0 (mit Kondensation des Wasserdampfes) ist etwas höher.

25.3 Wärmeleitfähigkeit λ von Baustoffen bei 20 °C in $Wm^{-1}K^{-1}$ (vgl. 102, *25.1*)

Backstein	0.44	Holztäfer	0.15	Stahlbeton	1.8
Beton	1.4	Kork	0.045	Steinwolle	0.040
Fensterglas	1.0	Leichtbeton	0.22	Polystyrolschaum	0.040

25.4 Emissionszahl ε von Oberflächen bei 20 °C

Aluminium, poliert	0.04	Kupfer, oxidiert	0.6	Menschliche Haut	0.98
Aluminium, oxidiert	0.3	Anstrichfarben	0.9	Vegetation	0.95
Kupfer, poliert	0.04	Sand	0.75	Wasser	0.96

25.5 Druck p_s und Dichte ϱ_s des gesättigten Wasserdampfes

ϑ °C	p_s Pa	ϱ_s gm^{-3}	ϑ °C	p_s Pa	ϱ_s gm^{-3}	ϑ °C	p_s Pa	ϱ_s gm^{-3}
−10	285	2.36	15	1707	12.86	40	7378	50.17
−5	421	3.32	20	2337	17.32	45	9586	65.45
0	611	4.85	25	3172	23.10	50	12340	83.00
5	874	6.82	30	4242	30.39	75	39250	245.50
10	1227	9.41	35	5642	39.63	100	101325	597.70

26 Optik

26.1 Brechzahl n gegen Luft bei 20 °C für $\lambda = 589.3$ nm

Diamant	2.417	Plexiglas	1.491	Zuckerlösung 30 %	1.38
Eis	1.310	Quarzglas	1.458	80 %	1.49
Ethanol	1.362	Steinsalz	1.544		
Fensterglas	≈1.5	Wasser	1.333	Luft gegen Vakuum	1.00027

26.2 Brechzahldispersion $n(\lambda)$ von Wasser, Bleiglas und Diamant

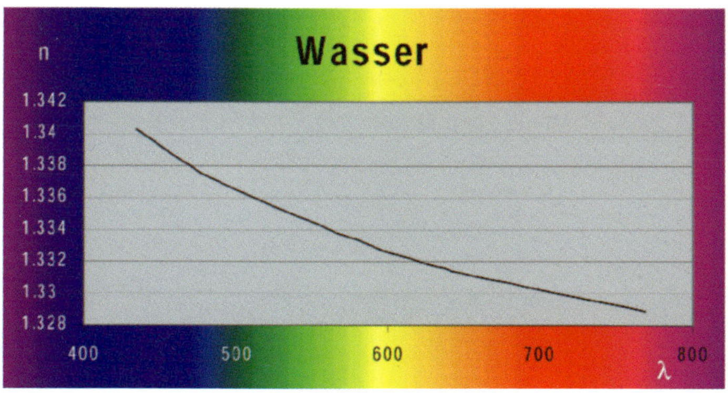

Wellenlänge λ nm	SF4* n	Diamant n
434	1.792	2.454
486	1.775	2.433
589	1.755	2.417
633	1.750	2.410
656	1.747	2.408
768	1.739	2.401

*Schwerflint (Bleiglas)

27 Elektrizität

27.1 Spezifischer elektrischer Widerstand ϱ_{el} von Leitern und Halbleitern bei 20 °C

	Ωm		Ωm		Ωm
Aluminium	$2.65 \cdot 10^{-8}$	Konstantan	$49 \cdot 10^{-8}$	Silizium	$1.7 \cdot 10^{4}$
Blei	$21 \cdot 10^{-8}$	Kupfer (rein)	$1.7 \cdot 10^{-8}$	Wolfram	$5.3 \cdot 10^{-8}$
Eisen (rein)	$9.7 \cdot 10^{-8}$	Messing	$7 \cdot 10^{-8}$	Wolfram (1000 °C)	$33 \cdot 10^{-8}$
Germanium (rein)	0.14	Nickel	$7.8 \cdot 10^{-8}$	Wolfram (2000 °C)	$70 \cdot 10^{-8}$
Gold	$2.2 \cdot 10^{-8}$	Platin	$10 \cdot 10^{-8}$	Wolfram (3000 °C)	$113 \cdot 10^{-8}$
Kohle	$5000 \cdot 10^{-8}$	Silber	$1.59 \cdot 10^{-8}$	Zink	$5.8 \cdot 10^{-8}$

27.2 Spezifischer elektrischer Widerstand ϱ_{el} für Isolierstoffe bei 20 °C und Dielektrizitätszahl ε_r

	ϱ_{el} Ωm	ε_r		ϱ_{el} Ωm	ε_r
Bernstein	$1 \cdot 10^{18}$	2.6	Polyvinylchlorid	$1 \cdot 10^{13}$	6.1
Glimmer	$5 \cdot 10^{14}$	7	Quarzglas	$3 \cdot 10^{14}$	4
Hartgummi	$1 \cdot 10^{16}$	3.5	Wasser		80
Plexiglas	$1 \cdot 10^{13}$	3.4	Luft (Normdruck)		1.0006

28 Moderne Physik

Marie Curie-Sklodowska
(1867–1934)

Lise Meitner
(1878–1968)

28.1 Elektronenaustrittsarbeit W_A; langwellige Grenze λ_0 (äusserer Photoeffekt)

	W_A eV	λ_0 nm		W_A eV	λ_0 nm
Aluminium	4.20	295	Nickel	5.09	243
Caesium	1.94	639	Silber	4.43	273
Kupfer	4.84	256	Zink	4.34	285

28.2 Ausgewählte Nuklide

Z	Ordnungszahl	rel. H.	relative Häufigkeit
Sy	chemisches Symbol	$T_{1/2}$	Halbwertszeit bei nicht stabilen Isotopen (a Jahr, d Tag, m Minute, s Sekunde)
A	Nukleonenzahl		
m_a	Atommasse in u	Energie	Zerfallsenergie in MeV
M	molare Masse in kg/kmol		

Z	Name	Sy	A	m_a; M	rel. H.	$T_{1/2}$	Zerfallsart	Energie
1	Wasserstoff	H	1	1.0078250	99.985			
			2	2.0141018	0.015			
			3	3.0160493		12.33 a	β^-	0.0186
2	Helium	He	3	3.0160293	0.00014			
			4	4.0026033	99.999			
6	Kohlenstoff	C	12	12.000000	98.93			
			13	13.003355	1.07			
			14	14.003242		5730 a	β^-	0.1565
7	Stickstoff	N	14	14.003074	99.632			
			15	15.000109	0.368			
8	Sauerstoff	O	16	15.994915	99.757			
			17	16.999132	0.038			
			18	17.999160	0.205			
19	Kalium	K	39	38.963707	93.258			
			40	39.963999	0.012	$1.28 \cdot 10^9$ a	$\beta^-\gamma$	1.311
			41	40.961826	6.730			
26	Eisen	Fe	54	53.939615	5.845			
			56	55.934942	91.754			
			57	56.935399	2.119			
			58	57.933280	0.282			
27	Kobalt	Co	59	58.933200	100			
			60	59.933822		5.271 a	$\beta^-\gamma$	2.824
28	Nickel	Ni	58	57.935348	68.0767			
			60	59.930791	26.223			
			62	61.928349	3.635			

28.2 Ausgewählte Nuklide (*Fortsetzung*)

Z	Name	Sy	A	m_a; M	rel. H.	$T_{1/2}$	Zerfallsart	Energie
29	Kupfer	Cu	63	62.929601	69.17			
			65	64.927794	30.83			
32	Germanium	Ge	70	69.924250	20.84			
			72	71.922076	27.54			
			73	72.923459	7.73			
			74	73.921178	36.28			
			76	75.921403	7.61			
38	Strontium	Sr	84	83.913425	0.56			
			86	85.909265	9.86			
			87	86.908879	7.00			
			88	87.905614	82.58			
			90	89.907738		28.79 a	β^-	0.546
47	Silber	Ag	107	106.905093	51.839			
			108	107.905954		2.37 m	β^-	1.649
			109	108.904756	48.161			
			110	109.906111		24.6 s	$\beta^-\gamma$	2.892
53	Iod	I	127	126.904468	100			
			128	127.905805		25.00 m	$\beta^-\gamma$	2.118
			131	130.906125		8.040 d	$\beta^-\gamma$	0.971
55	Caesium	Cs	133	132.905447	100			
			137	136.907085		30.07 a	$\beta^-\gamma$	1.176
78	Platin	Pt	192	191.961035	0.782			
			194	193.962664	32.967			
			195	194.964774	33.832			
			196	195.964935	25.242			
			198	197.967876	7.163			
79	Gold	Au	197	196.966552	100			
			198	197.968225		2.695 d	$\beta^-\gamma$	1.372
80	Quecksilber	Hg	196	195.965815	0.15			
			198	197.966752	9.97			
			199	198.968262	16.87			
			200	199.968309	23.10			
			201	200.970285	13.18			
			202	201.970626	29.86			
			204	203.973476	6.87			
82	Blei	Pb	204	203.973029	1.4			
			206	205.974449	24.1			
			207	206.975881	22.1			
			208	207.976636	52.4			
			210	209.984174		22.3 a	$\beta^-\gamma$	0.0635
86	Radon	Rn	220	220.011384		55.6 s	α	6.29
			222	222.017570		3.824 d	α	5.49
92	Uran	U	235	235.043922	0.720	$7.04 \cdot 10^8$ a	$\alpha\gamma$	4.679
			238	238.050784	99.2745	$4.46 \cdot 10^9$ a	$\alpha\gamma$	4.2
94	Plutonium	Pu	239	239.052156		$2.41 \cdot 10^4$ a	$\alpha\gamma$	5.2

29 Verschiedene Einheiten und Umrechnungen

Länge			
1 in (inch, Zoll)		$= 2.540 \cdot 10^{-2}$	m
1 ft (foot)	= 12 in	= 0.3048	m
1 mi (mile)		= 1609.344	m
1 Seemeile		= 1852	m
Energie, Leistung			
1 cal		= 4.1868	J
1 kWh		$= 3.6 \cdot 10^{6}$	J
1 Elektronenvolt (eV)		$= 1.602 \cdot 10^{-19}$	J
1 PS		≈ 735.5	W
Temperatur			
Celsius aus Fahrenheit		$\vartheta_C = \frac{5}{9}\vartheta_F - 17.8°$	

Geschwindigkeit, Masse			
1 Knoten	$= 1.852\ \mathrm{kmh^{-1}}$	≈ 0.5144	$\mathrm{ms^{-1}}$
1 lb (pound mass)		= 0.45359	kg
1 ct (Karat)		$= 2 \cdot 10^{-4}$	kg
Kraft, Druck			
1 lb (pound force)		= 4.448	N
1 bar		$= 10^{5}$	Pa
1 atm		= 101325	Pa
1 mmHg	= 1 Torr	≈ 133.3	Pa
1 mmWS (Wassersäule)		= 9.806	Pa
1 psi (pound-force per square inch)		$= 6.8947 \cdot 10^{3}$	Pa

30 Astronomie

30.1 Längen- und Zeitmasse

1 Astronomische Einheit (AE) (mittlerer Abstand Sonne Erde)	$1.496 \cdot 10^{11}$ m
1 Lichtjahr (LJ)	$9.461 \cdot 10^{15}$ m
1 Parallaxensekunde/Parsec (pc) (Entfernung, aus der der Erdbahnradius unter dem Winkel von einer Bogensekunde (arc $1'' = 4.85 \cdot 10^{-6}$ rad) erscheint)	$3.086 \cdot 10^{16}$ m
1 d (mittlerer Sonnentag)	86400 s
1 Sterntag	86164.09 s
1 siderisches Jahr (auf das Koordinatensystem der Fixsterne bezogen)	$365.2564\,\mathrm{d} = 3.1558 \cdot 10^{7}$ s
1 tropisches Jahr (auf den Frühlingspunkt bezogen)	$365.24220\,\mathrm{d} = 3.1557 \cdot 10^{7}$ s

Einige Distanzangaben

Proxima Centauri (nächster Stern)	4.22 LJ
Sirius (hellster Stern, αCMa)	8.6 LJ
Orionnebel M42	1800 LJ
Andromeda M31	$2.540 \cdot 10^{6}$ LJ
Rand des bekannten Universums (2000)	10^{10} LJ

30.2 Kosmische Umgebung der Erde

Milchstrasse

Durchmesser	111 000 LJ	Gesamtmasse	$1.4 \cdot 10^{12} \cdot m_{\text{Sonne}}$
Dicke im Zentrum	16 000 LJ	Scheibenmasse	$2 \cdot 10^{11} \cdot m_{\text{Sonne}}$
Dicke aussen	3 000 LJ	Mittlere Dichte	$7 \cdot 10^{-20}$ kgm^{-3}
Halodurchmesser	160 000 LJ	Rotationsgeschwindigkeit am Ort der Sonne	225 kms^{-1}

Sonne

Radius Äquator	$6.96 \cdot 10^{8}$ m	Effekt. Oberflächentemperatur	5778 K
Masse	$1.989 \cdot 10^{30}$ kg	Strahlungsleistung	$3.826 \cdot 10^{26}$ W
Fallbeschleunigung	274 ms^{-2}	Solarkonstante S	1380 Wm^{-2}
Dichte im Zentrum	$1.62 \cdot 10^{5}$ kgm^{-3}	Abstand vom galaktischen Zentrum	25 000 LJ
Druck im Zentrum	$2.48 \cdot 10^{11}$ bar	Abstand (nördlicher) von der galaktischen Hauptebene	40 LJ
Temperatur im Zentrum	$1.57 \cdot 10^{7}$ K		

Erde (Bezugswerte für Tabelle 30.3)

Radius			Fluchtgeschwindigkeit an der Erdoberfläche		11 186 ms^{-1}
– Äquator		$6.378 \cdot 10^{6}$ m	Mittlere Oberflächentemperatur		288 K
– Pol		$6.356 \cdot 10^{6}$ m	grosse Bahnhalbachse (1 AE)		$1.496 \cdot 10^{11}$ m
– Volumengleiche Kugel	$R_\oplus$	$6.371 \cdot 10^{6}$ m	Numerische Exzentrizität ε		0.01671
Masse	$M_\oplus$	$5.974 \cdot 10^{24}$ kg	Siderische Umlaufzeit	$T_\oplus$	365.25636 d
Fallbeschleunigung					
– Normwert	$g_\oplus$	9.80665 ms^{-2}			
– am Äquator		9.7803 ms^{-2}			
– am Nordpol		9.8322 ms^{-2}			

Mond

Radius	$1.7375 \cdot 10^{6}$ m	Grosse Bahnhalbachse	$3.844 \cdot 10^{8}$ m
Masse	$7.349 \cdot 10^{22}$ kg	Numerische Exzentrizität ε	0.0549
Fallbeschleunigung	1.622 ms^{-2}	siderische Umlaufzeit	27.322 d

Milchstrasse: × = Ort der Sonne in ca. 25 000 LJ Abstand vom galaktischen Zentrum; Bildbreite ca. 100 000 LJ

30.3 Planeten (R, M und g relativ zu den Erddaten) (vgl. 108, *30.2*)

R Radius der festen bzw. sichtbaren Oberfläche
M Masse
g Fallbeschleunigung bei R
T_O mittlere Oberflächentemperatur in K
a grosse Bahnhalbachse in AE
ε numerische Exzentrizität der Umlaufbahn
T siderische Umlaufzeit in Jahren

		$R/R_\oplus$	$M/M_\oplus$	$g/g_\oplus$	T_O	a	ε	T
Merkur	☿	0.383	0.0553	0.377	440	0.3871	0.20563	0.241
Venus	♀	0.949	0.851	0.903	737	0.7233	0.00673	0.615
Erde	⊕	1	1	1	288	1	0.01671	1
Mars	♂	0.533	0.1075	0.380	210	1.5237	0.09341	1.881
Jupiter	♃	11.21	317.83	2.64	165	5.2034	0.04839	11.862
Saturn	♄	9.45	95.162	1.14	134	9.5371	0.05415	29.457
Uranus	⛢	4.01	14.54	0.92	76	19.19	0.04717	84.01
Neptun	♆	3.88	17.2315	1.15	72	30.07	0.00859	164.78
Pluto	♇	0.18	0.002	0.065	50	39.48	0.24881	247.67

Planetengrössen massstäblich; Abstände nicht massstäblich

31 Chemie

31.1 Chemische Elemente

Z: Ordnungszahl

m_a: Atommasse des natürlichen Isotopengemisches in der atomaren Masseneinheit u (= 1/12 ^{12}C)
In eckigen Klammern: Nukleonenzahl des Isotops mit der längsten Halbwertszeit.

M molare Masse in kg/kmol

r_a: Atomradius in Picometer (10^{-12} m)

r_i: Ionenradius in Picometer (10^{-12} m)

Name		Z	m_a; M	r_a pm	Ion	r_i pm
Actinium	Ac	89	[227]			
Aluminium	Al	13	26.982	143	Al^{3+}	50
Americium	Am	95	[243]			
Antimon	Sb	51	121.75	141		
Argon	Ar	18	39.948			
Arsen	As	33	74.922	121		
Astat	At	85	[210]	140		
Barium	Ba	56	137.33	217	Ba^{2+}	135
Berkelium	Bk	97	[247]			
Beryllium	Be	4	9.012	112	Be^{2+}	31
Bismut	Bi	83	208.981	146		
Blei	Pb	82	207.2	175	Pb^{4+}	84
Bohrium	Bh	107	[262]			84
Bor	B	5	10.81	88	B^{3+}	20
Brom	Br	35	79.904	114	Br^{-}	195
Cadmium	Cd	48	112.40	149	Cd^{2+}	97
Caesium	Cs	55	132.905	262	Cs^{+}	169
Calcium	Ca	20	40.08	197	Ca^{2+}	97
Californium	Cf	98	[251]			
Cer	Ce	58	140.12			
Chlor	Cl	17	35.453	99	Cl^{-}	181
Chrom	Cr	24	51.996	125	Cr^{3+}	69
Curium	Cm	96	[247]			
Dubnium	Db	105	[262]			
Dysprosium	Dy	66	162.50			
Einsteinium	Es	99	[252]			
Eisen	Fe	26	55.847	126	Fe^{2+}	76
Erbium	Er	68	167.26			
Europium	Eu	63	151.96			
Fermium	Fm	100	[257]			
Fluor	F	9	18.998	64	F^{-}	136
Francium	Fr	87	[223]			
Gadolinium	Gd	64	157.25			
Gallium	Ga	31	69.72	122	Ga^{3+}	62
Germanium	Ge	32	72.59	122	Ge^{4+}	53
Gold	Au	79	196.967	144	Au^{+}	137
Hafnium	Hf	72	178.49			
Hassium	Hs	108	[265]			
Helium	He	2	4.003			
Holmium	Ho	67	164.930			
Indium	In	49	114.82	162	In^{3+}	81
Iod	I	53	126.905	133	I^{-}	216
Iridium	Ir	77	192.22			
Kalium	K	19	39.098	231	K^{+}	133
Kobalt	Co	27	58.933	125	Co^{2+}	74
Kohlenstoff	C	6	12.011	77		
Krypton	Kr	36	83.80			
Kupfer	Cu	29	63.546	128	Cu^{2+}	69
Lanthan	La	57	138.906	188	La^{3+}	115
Lawrencium	Lr	103	[262]			
Lithium	Li	3	6.941	152	Li^{+}	60
Lutetium	Lu	71	174.97			
Magnesium	Mg	12	24.305	160	Mg^{2+}	65
Mangan	Mn	25	54.938	129	Mn^{2+}	80
Meitnerium	Mt	109	[266]			
Mendelevium	Md	101	[258]			
Molybdän	Mo	42	95.94			
Natrium	Na	11	22.990	186	Na^{+}	95
Neodym	Nd	60	144.24			
Neon	Ne	10	20.179			
Neptunium	Np	93	237.048			
Nickel	Ni	28	58.71	124	Ni^{2+}	72
Niob	Nb	41	92.906			
Nobelium	No	102	[259]			
Osmium	Os	76	190.2			
Palladium	Pd	46	106.4			
Phosphor	P	15	30.974	110		
Platin	Pt	78	195.09			
Plutonium	Pu	94	[244]			
Polonium	Po	84	[209]	140		
Praseodym	Pr	59	140.908			
Promethium	Pm	61	[145]			
Protactinium	Pa	91	[231]			
Quecksilber	Hg	80	200.59	150	Hg^{2+}	110

Chemische Elemente (*Fortsetzung*)

Name		Z	m_a; M	r_a pm	Ion	r_i pm	Name		Z	m_a; M	r_a pm	Ion	r_i pm
Radium	Ra	88	226.025				Technetium	Tc	43	98.906			
Radon	Rn	86	[222]				Tellur	Te	52	127.60	137	Te^{2-}	221
Rhenium	Re	75	186.2				Terbium	Tb	65	158.925			
Rhodium	Rh	45	102.906				Thallium	Tl	81	204.37	171	Tl^{3+}	95
Rubidium	Rb	37	85.468	244	Rb^{+}	148	Thorium	Th	90	232.038			
Ruthenium	Ru	44	101.07				Thulium	Tm	69	168.934			
Rutherfordium	Rf	104	[261]				Titan	Ti	22	47.90	146	Ti^{2+}	90
Samarium	Sm	62	150.4				Uran	U	92	238.029			
Sauerstoff	O	8	15.999	66	O^{2-}	140	Vanadium	V	23	50.941	131	V^{2+}	88
Scandium	Sc	21	44.956	160	Sc^{3+}	81	Wasserstoff	H	1	1.0079	30		
Schwefel	S	16	32.06	104	S^{2-}	184	Wolfram	W	74	183.85			
Seaborgium	Sg	106	[263]				Xenon	Xe	54	131.30			
Selen	Se	34	78.96	117	Se^{2-}	198	Ytterbium	Yb	70	173.04			
Silber	Ag	47	107.868	144	Ag^{+}	126	Yttrium	Y	39	88.906	180	Y^{3+}	93
Silizium	Si	14	28.086	117			Zink	Zn	30	65.38	133	Zn^{2+}	74
Stickstoff	N	7	14.007	70			Zinn	Sn	50	118.69	140	Sn^{4+}	71
Strontium	Sr	38	87.62	215	Sr^{2+}	113	Zirkon	Zr	40	91.22			
Tantal	Ta	73	180.948										

31.2 Periodensystem

- H Gas
- Br Flüssigkeit
- C Feststoff

- Nichtmetall
- Halbmetall
- Metall

Haupt-												-gruppen					
I	II											III	IV	V	VI	VII	VIII
1 H																	2 He
3 Li	4 Be											5 B	6 C	7 N	8 O	9 F	10 Ne
11 Na	12 Mg	Nebengruppen (Übergangsmetalle)										13 Al	14 Si	15 P	16 S	17 Cl	18 Ar
19 K	20 Ca	21 Sc	22 Ti	23 V	24 Cr	25 Mn	26 Fe	27 Co	28 Ni	29 Cu	30 Zn	31 Ga	32 Ge	33 As	34 Se	35 Br	36 Kr
37 Rb	38 Sr	39 Y	40 Zr	41 Nb	42 Mo	43 Tc	44 Ru	45 Rh	46 Pd	47 Ag	48 Cd	49 In	50 Sn	51 S	52 Te	53 I	54 Xe
55 Cs	56 Ba	57 La	72 Hf	73 Ta	74 W	75 Re	76 Os	77 Ir	78 Pt	79 Au	80 Hg	81 Tl	82 Pb	83 Bi	84 Po	85 At	86 Rn
87 Fr	88 Ra	89 Ac	104 Rf	105 Db	106 Sg	107 Bh	108 Hs	109 Mt									

Lanthanoide (1. Zeile) und Actinoide (2. Zeile)

58 Ce	59 Pr	60 Nd	61 Pm	62 Sm	63 Eu	64 Gd	65 Tb	66 Dy	67 Ho	68 Er	69 Tm	70 Yb	71 Lu
90 Th	91 Pa	92 U	93 Np	94 Pu	95 Am	96 Cm	97 Bk	98 Cf	99 Es	100 Fm	101 Md	102 No	103 Lr

Stichwortverzeichnis